IGNOTUS

AI KIT para Emprendedores De Nueva Generación

para construir, escalar y triunfar

Contents

VII Sección extra: Apps para elevar tu creatividad y contenido

Introducción

El futuro del emprendimiento ya está aquí, y está impulsado por la inteligencia artificial

Lo que alguna vez fue material de ciencia ficción, hoy se ha convertido rápidamente en una herramienta esencial para los negocios modernos. Tanto si eres un **emprendedor independiente** lanzando tu primer proyecto como si eres un **empresario experimentado** que busca mantenerse a la vanguardia, las herramientas de IA pueden darte la ventaja que necesitas para crecer, escalar y triunfar más rápido que nunca.

Este libro, *Kit de IA para Emprendedores de Nueva Generación: Construir, Escalar y Triunfar*, es tu guía para navegar en el apasionante mundo de la inteligencia artificial. Piénsalo como tu **mapa personal** hacia las mejores herramientas de IA disponibles hoy en día. Estas soluciones están diseñadas para simplificar tu flujo de trabajo, potenciar tu creatividad y ayudarte a lograr más en menos tiempo. ¿Lo mejor? No necesitas ser un experto en tecnología para usarlas.

Por qué la IA importa para los emprendedores

Dirigir un negocio es exigente. Desde el marketing y las ventas hasta las operaciones y la atención al cliente, hay innumerables aspectos que gestionar. Aquí es donde entra en juego la IA. Al automatizar tareas repetitivas, generar información a partir de datos e incluso colaborar en proyectos creativos, las herramientas de IA liberan tu tiempo para que puedas concentrarte en lo que realmente importa: **hacer crecer tu negocio**.

Algunas formas en que la IA puede transformar tu camino emprendedor:

- **Impulsar la eficiencia:** Automatiza tareas como respuestas de correo electrónico, publicaciones en redes sociales y consultas de clientes.
- **Potenciar la creatividad:** Utiliza IA para diseñar imágenes impactantes, redactar textos persuasivos y generar ideas innovadoras.
- **Aumentar las ventas:** Aprovecha herramientas de marketing con IA para llegar al público correcto y cerrar acuerdos más rápido.
- **Mantener la competitividad:** Mantente al día con las tendencias del sector y toma decisiones basadas en datos gracias a la IA.

Cómo este libro te ayudará

Este libro no es solo una lista de herramientas: es una **guía práctica** para utilizarlas de forma eficaz. Cada capítulo presenta una herramienta específica de IA, explica qué hace y ofrece consejos prácticos para empezar. También encontrarás **ejemplos reales** que te inspirarán y te mostrarán cómo aplicar estas soluciones en tu propio negocio.

Ya sea que quieras crear contenido atractivo para redes sociales, optimizar tu comercio electrónico o mejorar la experiencia de tus clientes, este libro te ofrece las claves. Las herramientas aquí reunidas son accesibles, asequibles y están listas para integrarse en tu empresa hoy mismo.

Qué esperar

- **Rápido y sencillo:** Este libro está pensado para emprendedores ocupados. Cada capítulo es conciso y accionable, para que aprendas sobre la marcha y pongas en práctica lo aprendido de inmediato.
- **Las mejores herramientas:** Desde asistentes de escritura como *ChatGPT* hasta plataformas de marketing como *AdCreative.ai*, hemos seleccionado las mejores opciones en distintas categorías para cubrir todas tus necesidades empresariales.
- **Sin jerga técnica:** No necesitas formación tecnológica para beneficiarte de este libro. Cada herramienta se explica en términos simples, con instrucciones claras para su uso.

A quién va dirigido este libro

- **Emprendedores en potencia:** Si recién comienzas, estas herramientas te darán una ventaja inicial al automatizar tareas tediosas y ayudarte a concentrarte en la estrategia.
- **Pequeños empresarios:** Optimiza operaciones, mejora la experiencia de tus clientes y aumenta tus ventas con la IA.
- **Freelancers y solopreneurs:** Maximiza tu productividad y

creatividad sin necesidad de un gran equipo.

- **Emprendedores experimentados:** Mantén tu competitividad y explora nuevas oportunidades integrando la IA en tu flujo de trabajo.

Las herramientas presentadas en este libro están **transformando industrias**, y ahora están listas para transformar tu negocio. Vamos a sumergirnos y descubrir cómo la IA puede ayudarte a **crecer, escalar y triunfar**.

IA, Aplicaciones y Herramientas de Marketing

Herramientas de IA Esenciales

- **ChatGPT:** Tu asistente de redacción y generación de ideas con IA
- **Canva:** Simplificando el diseño para emprendedores
- **DALL·E:** Transformando texto en imágenes sorprendentes
- **Grammarly:** Escribir con claridad y profesionalismo
- **Zapier:** Automatizando flujos de trabajo para ahorrar tiempo

Herramientas Creativas y Visuales

- **Adobe Firefly:** Revolucionando el diseño con IA
- **Runway ML:** Edición de video potenciada por IA
- **MidJourney:** Creación de imágenes artísticas
- **Synthesia:** Avatares con IA para creación de videos
- **Pictory.ai:** Reutilización de contenido en videos
- **AdCreative.ai:** Diseño publicitario de alto rendimiento
- **Descript:** Edición sencilla de pódcast y video

Herramientas de Productividad y Negocios

- **Notion AI:** Gestión de tareas e ideas con IA
- **GitHub Copilot:** IA para programar de manera más inteligente
- **Tidio AI:** Mejorando la atención al cliente con chatbots
- **Otter.ai:** Transcripciones automáticas de reuniones
- **DeepL:** Traducción de alta calidad para necesidades empresariales
- **HyperWrite:** Impulsando la creatividad en la escritura

Herramientas Especializadas y de Nicho

- **Elicit:** Asistencia en investigación para académicos y profesionales
- **Bardeen:** Automatización de tareas repetitivas en línea
- **Character.AI:** Conversaciones personalizadas y entretenimiento
- **Wolfram Alpha:** Conocimientos y soluciones computacionales
- **Rewind AI:** Un asistente de memoria digital

IA para Ventas y Marketing

- **Shopify:** Optimizando tu negocio de comercio electrónico
- **AutoDS:** Automatización de tu negocio de dropshipping
- **TikTok Creative Center:** Aprovechando tendencias para el éxito en marketing
- **AdCreative.ai (Revisitado):** Optimización de anuncios para ventas
- **Jasper.ai:** Creación de textos de marketing atractivos

- **Forethought:** IA para soporte al cliente

IA para Voz y Audio

- **Speechify:** Creación de contenido de audio profesional
- **Krisp:** Eliminando ruido de fondo para una comunicación clara
- **Murf.ai:** Generación de locuciones realistas
- **Descript (Revisitado):** Edición de audio y voz
- **Lovo.ai:** Voces personalizadas para branding
- **Otter.ai (Revisitado):** Transcripciones para negocios y accesibilidad

Sección Extra: Apps para Elevar tu Creatividad y Contenido

- **Wirestock:** Simplificación de la monetización de contenido
- **Reedsy:** Tu aliado en escritura y publicación de libros
- **Reface:** Avatares personales y visuales divertidos con IA
- **iPlan.ai:** Planificación de viajes simplificada con IA

Conclusión

- Resumen de herramientas y sus aplicaciones
- Cómo integrar la IA en tu flujo de trabajo diario
- Tendencias futuras de la IA para emprendedores

Las herramientas presentadas en este libro están **transformando industrias**, y ahora están listas para transformar tu negocio. Vamos a sumergirnos y descubrir cómo la IA puede ayudarte a **crecer, escalar y triunfar**.

I

Herramientas Esenciales de IA

Las herramientas de IA son esenciales para los emprendedores: optimizan el trabajo, potencian la creatividad y ahorran tiempo. Automatizan procesos, generan contenido y ofrecen información clave, permitiendo centrarse en el crecimiento. Versátiles y fáciles de usar, son la base para escalar negocios de forma eficiente en un mercado competitivo.

1

ChatGPT – Tu asistente de redacción y generación de ideas con IA

¿Qué es ChatGPT?

ChatGPT, desarrollado por OpenAI, es un potente modelo de lenguaje de IA capaz de mantener conversaciones similares a las humanas, generar texto y ayudar en innumerables tareas. Piénsalo como tu asistente personal para **escribir, generar ideas y resolver problemas**. Ya sea que necesites redactar un correo, crear ideas creativas o resumir un documento, ChatGPT siempre está listo para ayudarte.

¿Por qué usar ChatGPT?

Como emprendedor, el tiempo y la eficiencia son clave. ChatGPT evita que pierdas horas en tareas que pueden automatizarse o simplificarse. Algunos de sus principales beneficios son:

· **Creación de contenido:** redacta artículos de blog, textos para redes sociales y correos de marketing en segundos.

- **Generación de ideas:** explora nuevos conceptos o mejora los existentes.
- **Aprendizaje e investigación:** obtén explicaciones claras, resúmenes e información de temas complejos.
- **Resolución de problemas:** desde preparar una propuesta hasta enfrentar un reto empresarial, ChatGPT puede guiarte.

¿Quién debería usar ChatGPT?

ChatGPT es ideal para:

- **Freelancers y solopreneurs:** creación rápida de contenido profesional sin contratar a un redactor.
- **Pequeños empresarios:** ahorrar tiempo en tareas de redacción repetitivas.
- **Creativos:** inspiración e ideas para proyectos.
- **Estudiantes e investigadores:** simplificación del estudio y la investigación.

Cómo empezar con ChatGPT

1. **Regístrate:** visita chat.openai.com y crea una cuenta.
2. **Haz una pregunta:** escribe tu consulta, por ejemplo: "Redacta un correo para un cliente potencial presentando mis servicios."
3. **Refina la respuesta:** edita el texto según tu estilo y preferencias.
4. **Explora casos de uso:** prueba desde nombres de negocio hasta informes detallados.

Consejos prácticos

· **Sé específico:** cuanto más detallada sea tu solicitud, mejor será la respuesta.

· **Itera:** si el resultado no encaja del todo, pide una revisión o ajusta el contexto.

· **Experimenta:** no lo limites a la escritura; pruébalo para aprender nuevas habilidades o encontrar soluciones creativas.

Ejemplo real

Escenario: un empresario necesita un correo de marketing para promocionar un nuevo producto.

Prompt: "Escribe un correo de marketing para un 20% de descuento en botellas de agua ecológicas. Incluye asunto llamativo, breve descripción de beneficios y un llamado a la acción."

Resultado:

· **Asunto:** "¡Mantente hidratado y cuida el planeta – 20% de descuento solo por hoy!"

· **Cuerpo:** Descubre la mejor manera de mantenerte hidratado mientras ayudas al medioambiente. Nuestras botellas ecológicas están fabricadas con materiales sostenibles y mantienen tu bebida fría durante 24 horas. No te pierdas esta oferta exclusiva: ¡20% de descuento por tiempo limitado! Haz clic abajo y consigue la tuya ahora.

· **Llamado a la acción:** [Comprar ahora]

Reflexión final

ChatGPT es una herramienta versátil capaz de cubrir una amplia gama de tareas, convirtiéndose en un **activo invaluable para emprendedores**. Ya sea que quieras optimizar tus operaciones, crear contenido o generar tu próxima gran idea, ChatGPT está aquí para ayudarte. Cuanto más lo uses, más formas descubrirás de integrarlo en el flujo de tu negocio.

2

Canva – Simplificando el diseño para emprendedores

¿Qué es Canva?

Canva es una plataforma de diseño gráfico en línea que hace que crear imágenes de calidad profesional sea sencillo, incluso si no tienes experiencia en diseño. Con su interfaz de arrastrar y soltar y su amplia biblioteca de plantillas, Canva se ha convertido en la herramienta ideal para emprendedores que buscan crear gráficos atractivos de forma rápida y económica.

¿Por qué usar Canva?

El contenido visual es fundamental para la marca y el marketing, pero no todos tienen el tiempo o el presupuesto para contratar a un diseñador profesional. Canva resuelve ese problema ofreciendo herramientas fáciles de usar que te permiten diseñar como un experto. Sus principales beneficios incluyen:

- **Plantillas para todo:** Desde publicaciones en redes sociales hasta tarjetas de presentación, Canva ofrece plantillas para casi cualquier necesidad.
- **Interfaz fácil de usar:** Su sistema de arrastrar y soltar lo hace accesible para cualquiera.
- **Asequible y escalable:** Ofrece una versión gratuita con muchas funciones, y el plan Pro desbloquea recursos y herramientas premium.
- **Consistencia de marca:** Guarda tus colores, fuentes y logotipos para diseños coherentes en todas tus plataformas.

¿Quién debería usar Canva?

Canva es ideal para:

- **Emprendedores y pequeños empresarios:** Crear materiales de marketing, presentaciones e informes.
- **Gestores de redes sociales:** Diseñar publicaciones, historias y anuncios llamativos.
- **Freelancers y solopreneurs:** Mantener una imagen profesional con diseños pulidos.
- **Educadores y organizaciones sin fines de lucro:** Producir presentaciones y materiales atractivos.

Cómo empezar con Canva

1. **Regístrate:** Visita canva.com y crea una cuenta gratuita.
2. **Elige una plantilla:** Selecciona la que se ajuste a tus necesidades (p. ej., publicación de Instagram, folleto o presentación).
3. **Personaliza:** Usa el editor de arrastrar y soltar para añadir

texto, imágenes y otros elementos. Puedes subir tus propios recursos o usar la biblioteca gratuita y premium de Canva.

4. **Descarga y comparte:** Una vez terminado el diseño, descárgalo en el formato que prefieras o compártelo directamente en redes sociales.

Consejos prácticos

- **Usa las herramientas de IA de Canva:** Funciones como *Magic Resize* permiten adaptar un diseño a múltiples plataformas en segundos.
- **Colabora con tu equipo:** Comparte diseños y trabaja en proyectos en tiempo real.
- **Aprovecha los recursos gratuitos:** La versión gratuita de Canva incluye miles de plantillas, fotos e íconos para empezar.

Ejemplo real

Escenario: un solopreneur quiere crear una publicación profesional en Instagram para lanzar un nuevo producto.
Pasos:

1. Elige una plantilla de publicación para Instagram en la biblioteca de Canva.
2. Añade una foto del producto y personaliza el texto con un título llamativo como "¡Nuevo lanzamiento!"
3. Usa íconos y elementos gratuitos de Canva para mejorar el diseño.
4. Exporta la publicación terminada y súbela a Instagram.

5. **Resultado:** una publicación profesional y atractiva lista para captar la atención e impulsar las ventas.

Reflexión final

Canva es una herramienta imprescindible para emprendedores que desean crear visuales profesionales sin gastar una fortuna. Ya sea que estés diseñando un logotipo, una publicación en redes sociales o una presentación, la interfaz intuitiva de Canva y su enorme biblioteca de recursos hacen que sea más fácil que nunca dar vida a tus ideas.

3

DALL·E – Transformando texto en imágenes impresionantes

¿Qué es DALL·E?

DALL·E, desarrollado por OpenAI, es una herramienta de IA que transforma instrucciones de texto en imágenes de alta calidad. Es perfecta para emprendedores que necesitan visuales únicos para marketing, branding o proyectos creativos, pero no cuentan con el tiempo o los recursos para trabajos de diseño personalizados.

¿Por qué usar DALL·E?

Crear imágenes atractivas puede ser costoso y consumir mucho tiempo. DALL·E simplifica el proceso generando imágenes sorprendentes a partir de descripciones de texto sencillas. Así puede ayudarte:

· **Ahorra tiempo:** genera imágenes únicas en segundos sin

necesidad de conocimientos de diseño.

- **Creatividad asequible:** evita los costos de contratar a un diseñador o comprar fotos de stock.
- **Posibilidades ilimitadas:** desde fotos realistas hasta arte imaginativo, DALL·E puede crear casi cualquier cosa que describas.

¿Quién debería usar DALL·E?

DALL·E es ideal para:

- **Mercadólogos y publicistas:** crear rápidamente imágenes llamativas para campañas.
- **Pequeños empresarios:** generar imágenes de productos, contenido para redes sociales o banners web.
- **Creativos:** explorar conceptos artísticos y dar vida a nuevas ideas.
- **Educadores y creadores de contenido:** producir visuales que mejoren presentaciones, videos y materiales de aprendizaje.

Cómo empezar con DALL·E

1. **Accede a la herramienta:** visita openai.com/dall-e e inicia sesión.
2. **Escribe una instrucción:** describe la imagen que deseas, por ejemplo: "Un paisaje urbano futurista al atardecer con autos voladores."
3. **Genera imágenes:** DALL·E producirá varias opciones basadas en tu descripción.
4. **Descarga y usa:** selecciona la imagen que más te guste y descárgala para tu proyecto.

Consejos prácticos

- **Sé específico:** cuanto más detallada sea tu descripción, mejores serán los resultados. Incluye estilo, color y composición.
- **Experimenta:** prueba diferentes instrucciones para explorar posibilidades creativas y afinar tu visión.
- **Combínalo con otras herramientas:** edita e integra las imágenes de DALL·E en tus diseños con Canva u otras plataformas.

Ejemplo real

Escenario: un fundador de startup necesita una imagen única para la cabecera de su sitio web.

Prompt: "Una ilustración minimalista de un cohete despegando hacia el espacio, con la Tierra luminosa de fondo."

Resultado: DALL·E genera múltiples ilustraciones de alta calidad. El fundador selecciona una que encaja perfectamente con su marca y la sube al encabezado del sitio, logrando un aspecto profesional y atractivo.

Reflexión final

DALL·E es una herramienta revolucionaria para emprendedores que quieren **elevar la calidad de su contenido visual**. Al convertir tus ideas en realidad con solo una instrucción de texto, elimina las barreras del diseño profesional y abre un mundo de posibilidades creativas.

4

Grammarly – Escribir con claridad y profesionalismo

¿Qué es Grammarly?

Grammarly es un asistente de escritura potenciado por IA que te ayuda a escribir con claridad, confianza y sin errores. Desde correos electrónicos hasta publicaciones en redes sociales, Grammarly garantiza que tu mensaje sea profesional y pulido, convirtiéndolo en una herramienta imprescindible para emprendedores y profesionales.

¿Por qué usar Grammarly?

La comunicación efectiva es clave para el éxito empresarial. Grammarly ahorra tiempo al detectar errores, mejorar el tono y sugerir mejores opciones de palabras. Sus beneficios incluyen:

· **Escritura sin errores:** detecta y corrige fallos de gramática, ortografía y puntuación.

- **Ajuste de tono:** asegura que tu redacción se adapte a la audiencia: formal, casual o persuasiva.
- **Sugerencias de claridad:** simplifica oraciones complejas para mejorar la legibilidad.

¿Quién debería usar Grammarly?

Grammarly es ideal para:

- **Emprendedores y dueños de negocios:** redactar correos, propuestas e informes profesionales.
- **Freelancers:** asegurar comunicaciones claras y sin errores con los clientes.
- **Creadores de contenido:** perfeccionar artículos, blogs y textos para redes sociales.
- **Estudiantes y académicos:** pulir ensayos, trabajos y presentaciones.

Cómo empezar con Grammarly

1. **Instala la herramienta:** visita grammarly.com y crea una cuenta. Descarga la extensión para navegador o la app de escritorio para integrarla fácilmente.
2. **Empieza a escribir:** Grammarly funciona automáticamente, subrayando errores y sugiriendo mejoras en tiempo real.
3. **Refina con IA:** aprovecha las sugerencias avanzadas para mejorar tono, claridad y elección de palabras.
4. **Explora funciones Premium:** desbloquea herramientas como detección de plagio y guías de estilo.

Consejos prácticos

- **Usa el detector de tono:** asegura que tu mensaje conecte con la audiencia correcta.
- **Integra en todas partes:** funciona con plataformas de correo, procesadores de texto e incluso redes sociales.
- **Revisa las sugerencias:** confirma que las recomendaciones se ajusten a tu intención.

Ejemplo real

Escenario: un emprendedor redacta una propuesta de financiamiento para inversionistas.

Pasos:

1. Escribe el borrador en un procesador de texto.
2. Usa Grammarly para identificar y corregir errores de gramática y claridad.
3. Ajusta el tono para asegurar que sea formal y persuasivo.
4. Envía la propuesta final con confianza.

Resultado: el emprendedor impresiona a los inversionistas con una propuesta profesional y bien redactada.

Reflexión final

Grammarly es una herramienta esencial para cualquiera que desee **comunicarse de manera clara y profesional**. Gracias a su potente IA, puedes escribir con confianza, sabiendo que tu mensaje será preciso, pulido y convincente.

5

Zapier – Automatizando flujos de trabajo para ahorrar tiempo

¿Qué es Zapier?

Zapier es una herramienta de automatización que conecta tus aplicaciones y servicios favoritos, permitiéndoles trabajar juntos de manera fluida. Con Zapier puedes automatizar tareas repetitivas y concentrarte en lo que más importa: **hacer crecer tu negocio.**

¿Por qué usar Zapier?

Como emprendedor, la eficiencia lo es todo. Zapier elimina el trabajo manual al automatizar flujos de trabajo entre aplicaciones, ahorrando tiempo y reduciendo errores. Sus principales beneficios incluyen:

- **Automatización de tareas:** ingreso de datos, notificaciones por correo y gestión de archivos.

- **Integración de aplicaciones:** conecta más de 2,000 apps, incluyendo Gmail, Slack y Trello.
- **Flujos de trabajo personalizados:** crea *Zaps* (automatizaciones) adaptados a tus necesidades específicas.

¿Quién debería usar Zapier?

Zapier es ideal para:

- **Pequeños empresarios:** automatizar tareas administrativas como facturación y seguimiento de clientes potenciales.
- **Marketers:** sincronizar publicaciones en redes sociales, campañas de email y análisis.
- **Freelancers:** optimizar la gestión de proyectos y la comunicación con clientes.
- **Equipos:** mejorar la colaboración conectando las apps usadas en distintos departamentos.

Cómo empezar con Zapier

1. **Regístrate:** visita zapier.com y crea una cuenta gratuita.
2. **Elige un disparador:** selecciona una aplicación y acción que inicie tu flujo (ej.: "Cuando recibo un correo en Gmail...").
3. **Define una acción:** especifica lo que ocurre a continuación (ej.: "...guardar el correo en Trello como tarea").
4. **Prueba y activa:** ejecuta el *Zap* para asegurarte de que funciona y enciéndelo para comenzar a automatizar.

Consejos prácticos

- **Empieza simple:** comienza con *Zaps* básicos y avanza hacia flujos más complejos.
- **Explora plantillas:** aprovecha los flujos preconfigurados para tareas comunes.
- **Monitorea tu actividad:** revisa el historial de Zaps para resolver problemas y optimizar el rendimiento.

Ejemplo real

Escenario: un especialista en marketing quiere registrar nuevos leads de un formulario web.
Pasos:

1. Configura el envío del formulario como disparador.
2. Conéctalo a Google Sheets para registrar cada lead.
3. Añade una acción para notificar al equipo de ventas en Slack.
4. Prueba el flujo y activa el *Zap*.
5. **Resultado:** el especialista ahorra horas cada semana al automatizar el seguimiento de leads y la comunicación.

Reflexión final

Zapier permite a los emprendedores **trabajar de forma más inteligente, no más dura**. Al automatizar tareas repetitivas y conectar tus aplicaciones favoritas, puedes ahorrar tiempo, reducir errores y concentrarte en hacer crecer tu negocio.

II

Herramientas Creativas y Visuales

Las herramientas creativas con IA revolucionan la creación de contenido: permiten generar visuales impactantes, editar videos profesionales y diseñar anuncios atractivos. Facilitan la reutilización de contenido, la creación de avatares realistas y mejoran la narrativa. Empoderan a emprendedores y creadores para optimizar su trabajo, producir materiales de calidad y explorar nuevas posibilidades en la era digital.

6

Adobe Firefly – Revolucionando el diseño con IA

¿Qué es Adobe Firefly?

Adobe Firefly es un conjunto de herramientas de IA generativa integrado en Adobe Creative Cloud, diseñado para simplificar y mejorar el proceso creativo de diseñadores, especialistas en marketing y creadores de contenido.

¿Por qué usar Adobe Firefly?

Firefly hace que funciones avanzadas de diseño sean accesibles incluso para quienes no son diseñadores. Sus beneficios clave incluyen:

- **Creación de imágenes generativas:** transforma instrucciones de texto en imágenes de calidad profesional.
- **Edición mejorada con IA:** automatiza tareas como la eliminación de fondos y los rellenos según el contenido.

- **Efectos de texto:** crea tipografías estilizadas para materiales de marca y marketing.

¿Quién debería usar Adobe Firefly?

- **Profesionales del diseño:** agilizan su flujo de trabajo con herramientas asistidas por IA.
- **Pequeños empresarios:** producen visuales de alta calidad para sitios web, anuncios y presentaciones.
- **Marketers:** generan recursos para redes sociales y materiales promocionales.

Cómo empezar con Adobe Firefly

1. **Accede a la herramienta:** inicia sesión en tu cuenta de Adobe Creative Cloud.
2. **Explora las funciones:** prueba las herramientas de IA de Firefly, incluyendo la generación de imágenes a partir de texto.
3. **Mejora tus flujos de trabajo:** usa funciones de IA para refinar diseños rápidamente.

Consejos prácticos

- Experimenta con distintos prompts de texto para desbloquear nuevas posibilidades creativas.
- Combina Firefly con otras herramientas de Adobe para una integración fluida en tus proyectos.

Ejemplo real

Escenario: un empresario crea gráficos promocionales para el lanzamiento de un producto utilizando Firefly.

Reflexión final

Firefly permite a los usuarios crear diseños profesionales con facilidad, ahorrando tiempo y potenciando la creatividad.

7

Runway ML – Edición de video potenciada por IA

¿Qué es Runway ML?

Runway ML es una innovadora herramienta de IA que simplifica la edición de video y la producción de contenido creativo. Ofrece funciones avanzadas como eliminación de fondos, generación de video a partir de texto y colaboración en tiempo real, lo que la convierte en una opción ideal para creadores y emprendedores.

¿Por qué usar Runway ML?

Crear videos de calidad profesional puede ser un proceso que consume mucho tiempo, pero Runway ML lo acelera gracias a la IA. Sus beneficios incluyen:

- **Eliminación de fondos en tiempo real:** elimina fondos sin necesidad de pantalla verde.
- **Generación de video a partir de texto:** convierte conceptos

escritos en contenido audiovisual rápidamente.
· **Herramientas de colaboración:** trabaja con tu equipo en tiempo real.

¿Quién debería usar Runway ML?

· **Creadores de video:** simplifican procesos de edición y se concentran en la creatividad.
· **Marketers:** producen videos promocionales con mínimo esfuerzo.
· **Pequeños empresarios:** generan contenido atractivo para redes sociales y anuncios.

Cómo empezar con Runway ML

1. **Regístrate:** visita runwayml.com y crea una cuenta.
2. **Sube tu material:** importa tus clips de video.
3. **Usa funciones de IA:** prueba herramientas como la eliminación de fondos y la edición automática.
4. **Exporta y comparte:** descarga tu video final o publícalo directamente en redes sociales.

Consejos prácticos

· Combina Runway ML con software de edición tradicional para ampliar capacidades.
· Usa la función de texto a video para presentaciones de conceptos o videos explicativos rápidos.

Ejemplo real

Escenario: un empresario necesita un video promocional rápido para un nuevo producto.

Pasos:

1. Sube imágenes del producto y clips cortos a Runway ML.
2. Usa texto a video para añadir descripciones animadas.
3. Elimina fondos para un aspecto limpio y profesional.
4. Exporta y comparte el video final en redes sociales.
5. **Resultado:** un video atractivo y profesional listo para captar la atención del público.

Reflexión final

Runway ML simplifica la edición de video con IA, permitiendo a creadores y negocios producir contenido de alta calidad de manera eficiente, mientras desbloquea nuevas posibilidades creativas.

8

MidJourney – Creando imágenes artísticas

¿Qué es MidJourney?

MidJourney es una plataforma potenciada por IA que genera imágenes artísticas e imaginativas a partir de instrucciones de texto. Ya sea que necesites arte conceptual, diseños únicos o imágenes abstractas, MidJourney da vida a tus ideas.

¿Por qué usar MidJourney?

MidJourney ofrece una libertad creativa sin precedentes. Sus beneficios incluyen:

- **Estilos artísticos únicos:** explora distintos estilos para tus proyectos.
- **Prototipado rápido:** visualiza conceptos sin necesidad de contratar un diseñador.
- **Resultados personalizables:** ajusta las imágenes generadas

para que coincidan con tu visión.

¿Quién debería usar MidJourney?

- **Artistas y diseñadores:** explorar nuevos estilos y técnicas.
- **Marketers:** generar visuales llamativos para campañas.
- **Emprendedores:** crear logotipos, banners o arte abstracto para branding.

Cómo empezar con MidJourney

1. **Accede a la herramienta:** visita midjourney.com y únete a su servidor de Discord.
2. **Escribe un prompt:** describe en detalle la imagen que deseas (ej.: "un paisaje urbano futurista con luces de neón").
3. **Refina tu resultado:** utiliza variaciones para ajustar las imágenes generadas.
4. **Descarga y usa:** guarda la imagen final para tu proyecto.

Consejos prácticos

- Experimenta con diferentes prompts para descubrir resultados inesperados.
- Combina los visuales de MidJourney con editores como Canva para diseños más completos.

Ejemplo real

Escenario: un emprendedor necesita visuales abstractos para una nueva línea de productos.
   Pasos:

1. Escribe prompts como "patrones geométricos abstractos en colores pastel".
2. Selecciona y ajusta una de las imágenes generadas.
3. Usa la imagen en el empaque del producto y en materiales de marketing.
4. **Resultado:** un diseño distintivo y profesional que eleva el atractivo de la marca.

Reflexión final

MidJourney transforma instrucciones de texto en visuales sorprendentes, ofreciendo infinitas posibilidades creativas para diseñadores, marketers y creadores.

9

Synthesia – Avatares con IA para creación de videos

¿Qué es Synthesia?

Synthesia te permite crear videos profesionales con avatares de IA realistas. Es una solución ideal para materiales de formación, videos de marketing y comunicación personalizada.

¿Por qué usar Synthesia?

- **Avatares personalizables:** elige o crea avatares que representen tu marca.
- **Videos a partir de texto:** genera videos rápidamente subiendo un guion.
- **Soporte multilingüe:** produce contenido en varios idiomas con pronunciaciones precisas.

¿Quién debería usar Synthesia?

- **Educadores:** desarrollar cursos en línea atractivos.
- **Marketers:** añadir un toque humano a campañas publicitarias.
- **Empresas:** crear videos de capacitación interna de forma eficiente.

Cómo empezar con Synthesia

1. Visita synthesia.io y crea una cuenta.
2. Selecciona un avatar o personaliza uno.
3. Sube tu guion y elige un idioma.
4. Descarga y distribuye tu video.

Consejos prácticos

- Usa avatares para videos personalizados de bienvenida o incorporación.
- Aprovecha las capacidades multilingües para llegar a audiencias globales.

Ejemplo real

Una empresa crea un video de bienvenida para nuevos empleados en varios idiomas, utilizando los avatares personalizables de Synthesia para ahorrar tiempo y recursos.

Reflexión final

Synthesia simplifica la creación de videos con avatares de IA realistas, convirtiéndose en una herramienta eficiente para formación, marketing y comunicación personalizada.

10

Pictory.ai – Transformando contenido en videos

¿Qué es Pictory.ai?

Pictory.ai convierte contenido escrito en resúmenes de video atractivos. Ya sea para reutilizar una entrada de blog o crear publicaciones para redes sociales, Pictory hace que el proceso sea sencillo y eficaz.

¿Por qué usar Pictory.ai?

Pictory ahorra tiempo y maximiza el alcance de tu contenido con funciones como:

- **Creación automática de videos:** transforma artículos o transcripciones en videos cortos.
- **Plantillas personalizables:** utiliza diseños prediseñados para un acabado profesional.
- **Texto a video:** resalta puntos clave de un contenido escrito

en un formato atractivo.

¿Quién debería usar Pictory.ai?

- **Marketers de contenido:** reutilizar blogs en formato de video.
- **Gestores de redes sociales:** crear videos breves para Instagram o TikTok.
- **Emprendedores:** compartir resúmenes en video de contenido extenso.

Cómo empezar con Pictory.ai

1. **Regístrate:** visita pictory.ai y crea una cuenta.
2. **Sube tu contenido:** importa un blog, transcripción o documento de texto.
3. **Personaliza el video:** selecciona una plantilla y ajusta visuales, texto y música.
4. **Exporta y comparte:** descarga el video o publícalo directamente en redes sociales.

Consejos prácticos

- Usa Pictory para crear videos teaser de blogs o eBooks.
- Añade subtítulos para mejorar la accesibilidad y el engagement.

Ejemplo real

Escenario: un especialista en marketing de contenidos quiere promocionar un blog en redes sociales.

Pasos:

1. Importa la URL del blog en Pictory.
2. Selecciona los puntos clave para incluir en el video.
3. Personaliza los visuales y añade música de fondo.
4. Comparte el video en Instagram y LinkedIn.
5. **Resultado:** mayor interacción y más tráfico hacia la entrada original.

Reflexión final

Pictory.ai transforma texto en videos atractivos, convirtiéndose en una herramienta rápida y eficaz para **reutilización de contenido** y **marketing en redes sociales**.

11

AdCreative.ai – Diseño publicitario de alto rendimiento

¿Qué es AdCreative.ai?

AdCreative.ai es una potente herramienta que genera creatividades publicitarias y textos atractivos adaptados a tu público objetivo. Utiliza IA para analizar tus objetivos y producir anuncios optimizados que impulsan las conversiones.

¿Por qué usar AdCreative.ai?

Crear anuncios efectivos puede ser costoso y consumir mucho tiempo. AdCreative.ai simplifica el proceso con:

- **Diseños optimizados:** sugerencias de diseño y visuales impulsadas por IA.
- **Textos listos para convertir:** titulares y descripciones adaptados a tu campaña.
- **Compatibilidad multiplataforma:** diseña anuncios para

Facebook, Google, Instagram y más.

¿Quién debería usar AdCreative.ai?

- **Marketers:** ahorrar tiempo en la creación de anuncios y mejorar el ROI.
- **Pequeños negocios:** acceder a anuncios de calidad profesional sin contratar una agencia.
- **Emprendedores:** probar rápidamente múltiples variaciones para encontrar la más efectiva.

Cómo empezar con AdCreative.ai

1. **Regístrate:** visita adcreative.ai y crea una cuenta.
2. **Define objetivos:** establece las metas de tu campaña.
3. **Genera anuncios:** ingresa datos como público objetivo y mensajes clave.
4. **Descarga y lanza:** exporta tus anuncios y súbelos a la plataforma de tu elección.

Consejos prácticos

- Usa **A/B testing** para comparar distintas variaciones de anuncios.
- Personaliza las sugerencias de la IA para que se ajusten a la voz de tu marca.

Ejemplo real

Escenario: una startup necesita anuncios en Facebook para un lanzamiento de producto.
Pasos:

1. Introduce detalles sobre el producto y la audiencia.
2. Genera múltiples creatividades publicitarias con titulares e imágenes.
3. Selecciona la más efectiva y lanza la campaña.
4. **Resultado:** aumento en la tasa de clics y en la interacción con un esfuerzo mínimo.

Reflexión final

AdCreative.ai agiliza la creación de anuncios con IA, ofreciendo **visuales y textos optimizados** que mejoran la interacción y las conversiones.

12

Descript – Simplificando la edición de video y audio

¿Qué es Descript?

Descript es una plataforma todo en uno para editar contenido de video y audio. Combina edición basada en texto, transcripción y grabación de pantalla para optimizar el proceso de creación de contenido.

¿Por qué usar Descript?

Descript hace que la edición sea más accesible y eficiente con funciones como:

- **Edición basada en texto:** edita audio y video modificando la transcripción.
- **Overdub:** genera locuciones utilizando un clon de tu voz creado con IA.
- **Grabación de pantalla:** captura presentaciones o tutoriales

fácilmente.

¿Quién debería usar Descript?

- **Podcasters:** editar episodios de manera rápida y precisa.
- **Creadores de video:** simplificar la edición con herramientas intuitivas.
- **Educadores:** producir contenido instructivo sin complicaciones.

Cómo empezar con Descript

1. **Descarga la app:** visita descript.com e instala el software.
2. **Importa archivos:** sube contenido de audio o video para editar.
3. **Edita con texto:** modifica la transcripción para realizar ediciones precisas.
4. **Exporta tu contenido:** guarda el producto final en el formato que prefieras.

Consejos prácticos

- Usa la función **Overdub** para hacer correcciones rápidas en locuciones.
- Aprovecha la grabación de pantalla para crear tutoriales o videos explicativos.

Ejemplo real

Escenario: un especialista en marketing edita la grabación de un webinar para un demo de producto.

Pasos:

1. Importa el video del webinar en Descript.
2. Elimina muletillas y recorta secciones irrelevantes.
3. Añade subtítulos y exporta el video final.
4. **Resultado:** un video demo profesional listo para compartir con clientes y prospectos.

Reflexión final

Descript revoluciona la edición de audio y video con herramientas basadas en texto, haciendo que la creación de contenido sea más rápida y accesible para todos.

III

Herramientas de Productividad y Negocios

Las herramientas de productividad con IA transforman los negocios al simplificar tareas, mejorar la comunicación y potenciar la creatividad. Desde gestionar ideas y automatizar código hasta transcribir reuniones en tiempo real y ofrecer soporte multilingüe, permiten ahorrar tiempo y aumentar la eficiencia. Integradas en los flujos de trabajo, ayudan a enfocarse en la innovación y lograr resultados de impacto.

13

Notion AI – Gestionando tareas e ideas

¿Qué es Notion AI?

Notion AI se integra con la popular plataforma de productividad Notion para ayudar en la escritura, la generación de ideas y la organización del flujo de trabajo. Es ideal para gestionar proyectos, notas y la colaboración en equipo.

¿Por qué usar Notion AI?

Notion AI potencia la productividad con funciones como:

- **Resúmenes automáticos:** genera resúmenes de documentos o notas extensas.
- **Asistencia en tareas:** sugiere ideas u organiza flujos de trabajo de proyectos.
- **Generación de contenido:** redacta textos para informes, correos o presentaciones.

¿Quién debería usar Notion AI?

- **Equipos:** colaborar de forma eficiente con espacios de trabajo compartidos.
- **Freelancers:** llevar un control de proyectos y fechas de entrega.
- **Emprendedores:** organizar ideas de negocio y planes de acción.

Cómo empezar con Notion AI

1. **Activa las funciones de IA:** accede a Notion AI desde tu espacio de trabajo.
2. **Redacta contenido:** usa la IA para generar ideas o crear esquemas.
3. **Organiza proyectos:** crea listas de tareas y asigna prioridades.

Consejos prácticos

- Integra Notion AI con otras apps para una gestión fluida de tareas.
- Usa la IA para crear plantillas en proyectos recurrentes.

Ejemplo real

Escenario: un emprendedor planifica el lanzamiento de un producto.
Pasos:

1. Crea una línea de tiempo del proyecto en Notion.

2. Usa la IA para diseñar una estrategia de marketing.
3. Asigna tareas al equipo y controla el progreso.
4. **Resultado:** un plan bien organizado que mantiene a todos alineados.

Reflexión final

Notion AI mejora la productividad al automatizar la gestión de tareas y la generación de contenido, convirtiéndose en una herramienta esencial para flujos de trabajo eficientes y colaboración organizada.

14

GitHub Copilot – Programando de forma más inteligente

¿Qué es GitHub Copilot?

GitHub Copilot es un asistente de programación impulsado por IA que sugiere fragmentos de código y automatiza tareas repetitivas. Se integra de manera fluida con editores de código populares como Visual Studio Code.

¿Por qué usar GitHub Copilot?

Copilot acelera los flujos de desarrollo con funciones como:

- **Sugerencias de código:** completa funciones o líneas enteras automáticamente.
- **Reducción de errores:** ayuda a evitar errores de sintaxis y bugs.
- **Apoyo en el aprendizaje:** ofrece explicaciones de código y oportunidades para aprender.

¿Quién debería usar GitHub Copilot?

- **Desarrolladores:** agilizar tareas de codificación y mejorar la eficiencia.
- **Estudiantes:** aprender programación más rápido con sugerencias útiles.
- **Emprendedores:** crear prototipos o aplicaciones a pequeña escala rápidamente.

Cómo empezar con GitHub Copilot

1. **Instala la extensión:** añade GitHub Copilot a tu editor de código.
2. **Empieza a programar:** escribe un comentario o inicia una función para recibir sugerencias.
3. **Refina los resultados:** ajusta el código sugerido según tus necesidades.

Consejos prácticos

- Usa comentarios para guiar las sugerencias de Copilot.
- Combina Copilot con revisiones de código para garantizar calidad.

Ejemplo real

Escenario: un desarrollador crea un chatbot sencillo.
Pasos:

1. Escribe un comentario describiendo la funcionalidad del chatbot.

2. Usa las sugerencias de Copilot para completar el código.
3. Prueba y perfecciona el chatbot.
4. **Resultado:** un prototipo funcional desarrollado en tiempo récord.

Reflexión final

GitHub Copilot acelera la programación ofreciendo sugerencias inteligentes, lo que hace que el desarrollo sea más rápido, eficiente y accesible para programadores de todos los niveles.

15

Tidio AI – Mejorando la atención al cliente con chatbots

¿Qué es Tidio AI?

Tidio AI es una plataforma de servicio al cliente que utiliza chatbots impulsados por IA para automatizar y mejorar las interacciones con los clientes. Ayuda a las empresas a ofrecer respuestas rápidas y personalizadas, mejorando la satisfacción del cliente y reduciendo los tiempos de respuesta.

¿Por qué usar Tidio AI?

- **Respuestas automatizadas:** gestiona consultas frecuentes con plantillas de chatbot preconfiguradas.
- **Disponibilidad 24/7:** asegura atención al cliente en todo momento.
- **Interacciones personalizadas:** utiliza IA para ofrecer respuestas adaptadas al comportamiento del cliente.
- **Fácil integración:** con plataformas populares como Shopify,

WordPress y Messenger.

¿Quién debería usar Tidio AI?

- **Pequeñas empresas:** mejorar la eficiencia automatizando consultas rutinarias.
- **Tiendas de e-commerce:** responder al instante sobre pedidos, devoluciones y disponibilidad de productos.
- **Proveedores de servicios:** gestionar reservas de citas y solicitudes comunes con facilidad.

Cómo empezar con Tidio AI

1. **Regístrate:** crea una cuenta en tidio.com.
2. **Configura tu chatbot:** usa plantillas o personalízalo para atender consultas frecuentes.
3. **Integra con plataformas:** conecta Tidio a tu web, tienda online o redes sociales.
4. **Monitorea y mejora:** utiliza analíticas para medir el rendimiento del chatbot y la satisfacción del cliente.

Consejos prácticos

- Usa la función de chat en vivo de Tidio AI para consultas complejas que requieran intervención humana.
- Personaliza los flujos del chatbot para guiar a los clientes hacia compras o soluciones.
- Aprovecha sus capacidades multilingües para interactuar con audiencias globales.

Ejemplo real

Escenario: una tienda online quiere mejorar los tiempos de respuesta durante temporadas de alta demanda.
Pasos:

1. Configura un chatbot de Tidio para gestionar FAQs como tiempos de envío y políticas de devolución.
2. Intégralo con Shopify para rastrear pedidos y responder a consultas.
3. Usa las analíticas para identificar tendencias y mejorar respuestas.
4. **Resultado:** los clientes reciben soporte instantáneo, lo que mejora su satisfacción e incrementa las conversiones en temporadas de ventas.

Reflexión final

Tidio AI permite a las empresas **mejorar su servicio al cliente con automatización basada en IA**, garantizando interacciones más rápidas y eficientes. Es una herramienta valiosa para incrementar la satisfacción del cliente y optimizar los flujos de soporte.

16

Otter.ai – Transcripciones automáticas de reuniones

¿Qué es Otter.ai?

Otter.ai es una herramienta de transcripción potenciada por IA que captura y convierte palabras habladas en texto escrito en tiempo real. Simplifica la toma de notas y la documentación de reuniones, convirtiéndose en una herramienta vital para profesionales y equipos.

¿Por qué usar Otter.ai?

- **Transcripciones en tiempo real:** registra conversaciones durante reuniones, entrevistas o clases.
- **Identificación de hablantes:** distingue entre varios inter-locutores para mayor claridad.
- **Integración fluida:** con plataformas como Zoom, Google Meet y Microsoft Teams.
- **Notas buscables:** encuentra información específica fácil-

mente mediante palabras clave.

¿Quién debería usar Otter.ai?

- **Profesionales:** documentar reuniones y compartir notas con equipos.
- **Estudiantes:** grabar y revisar clases o sesiones de estudio.
- **Creadores de contenido:** transcribir entrevistas o debates para blogs y artículos.

Cómo empezar con Otter.ai

1. **Regístrate:** crea una cuenta en otter.ai.
2. **Conecta tus herramientas:** sincroniza Otter.ai con plataformas de reuniones como Zoom o sube audios grabados.
3. **Transcribe:** genera transcripciones en tiempo real o después de la reunión.
4. **Organiza y comparte:** guarda y comparte transcripciones con colaboradores o miembros del equipo.

Consejos prácticos

- Usa la transcripción en vivo de Otter.ai durante reuniones para asegurar que todos tengan acceso a la conversación.
- Resalta y anota puntos clave en la transcripción para consultarlos fácilmente después.
- Aprovecha la app móvil para transcripciones sobre la marcha.

Ejemplo real

Escenario: un líder de equipo quiere asegurarse de que no se pierdan puntos clave durante una sesión de brainstorming.
Pasos:

1. Usa Otter.ai para transcribir la reunión en tiempo real.
2. Comparte la transcripción con el equipo inmediatamente después.
3. Resalta acciones clave y asigna tareas según lo discutido.
4. **Resultado:** el equipo ahorra tiempo en la toma de notas manual y se mantiene alineado en prioridades.

Reflexión final

Otter.ai es una herramienta poderosa para capturar y organizar conversaciones, mejorando la colaboración y la productividad. Sus capacidades de transcripción en tiempo real la convierten en un recurso indispensable tanto para profesionales como para estudiantes.

17

DeepL – Traducción de alta calidad para necesidades empresariales

¿Qué es DeepL?

DeepL es una herramienta de traducción potenciada por IA, reconocida por su precisión y naturalidad. Está diseñada para ayudar a empresas y profesionales a comunicarse eficazmente en distintos idiomas, convirtiéndose en una de las mejores opciones para la colaboración global.

¿Por qué usar DeepL?

- **Traducciones precisas:** ofrece traducciones de alta calidad que mantienen el contexto y el tono del texto original.
- **Amplia cobertura de idiomas:** maneja múltiples lenguas con gran nivel de detalle.
- **Traducción de archivos:** permite subir documentos como PDFs y Word para traducirlos al instante.
- **Glosarios personalizables:** define términos para mantener

la coherencia en traducciones especializadas.

¿Quién debería usar DeepL?

- **Empresas:** comunicarse sin barreras con clientes y socios internacionales.
- **Creadores de contenido:** localizar blogs, sitios web y materiales de marketing.
- **Estudiantes e investigadores:** traducir textos académicos con claridad y precisión.

Cómo empezar con DeepL

1. **Visita la plataforma:** accede a deepl.com y elige el par de idiomas.
2. **Introduce el texto:** pega tu texto o sube archivos para traducir.
3. **Revisa y edita:** utiliza el editor para ajustar las traducciones según sea necesario.
4. **Descarga los archivos traducidos:** guarda y comparte documentos al instante.

Consejos prácticos

- Usa la versión Pro para funciones avanzadas como traducciones ilimitadas de archivos e integración por API.
- Personaliza el glosario con terminología especializada o frases propias de tu marca.
- Combínalo con otras herramientas de localización para campañas globales de marketing.

Ejemplo real

Escenario: un empresario quiere localizar su tienda online para el público alemán.

Pasos:

1. Utiliza DeepL para traducir descripciones de productos y textos del sitio web al alemán.
2. Ajusta las traducciones con el glosario personalizable.
3. Lanza la web localizada para atraer a clientes de habla alemana.
4. **Resultado:** la empresa amplía su alcance y mejora la interacción con una audiencia global.

Reflexión final

DeepL combina precisión y facilidad de uso, convirtiéndose en una herramienta indispensable para empresas y profesionales que trabajan en varios idiomas. Sus traducciones fiables ayudan a **cerrar brechas de comunicación** y fomentar conexiones globales.

18

HyperWrite - Potenciando la creatividad en la escritura

¿Qué es HyperWrite?

HyperWrite es un asistente de escritura potenciado por IA que ayuda a los usuarios a generar ideas, crear contenido atractivo y superar bloqueos creativos. Es una herramienta versátil para escritores, marketers y profesionales que buscan aumentar su productividad en la escritura.

¿Por qué usar HyperWrite?

- **Sugerencias de contenido:** genera ideas, esquemas u oraciones completas para distintas tareas.
- **Asistencia creativa:** aporta ángulos originales y mejora borradores con facilidad.
- **Eficiencia de tiempo:** acelera el proceso de redacción sin sacrificar calidad.
- **Tono personalizable:** ajusta el estilo y la voz según tus

necesidades.

¿Quién debería usar HyperWrite?

- **Escritores:** generar ideas y pulir borradores para blogs, artículos o ficción.
- **Marketers:** crear copys atractivos, publicaciones en redes y correos de marketing.
- **Estudiantes y profesionales:** simplificar ensayos, informes y presentaciones.

Cómo empezar con HyperWrite

1. **Regístrate:** crea una cuenta en hyperwrite.ai.
2. **Elige una tarea:** especifica si necesitas generación de ideas, redacción o edición.
3. **Revisa sugerencias:** selecciona y ajusta el contenido generado por la IA.
4. **Incorpora resultados:** utiliza el texto finalizado en tus proyectos.

Consejos prácticos

- Aprovecha las funciones de brainstorming para proyectos complejos como narrativas o campañas de marca.
- Experimenta con diferentes prompts para ampliar posibilidades creativas.
- Combina HyperWrite con herramientas de edición para obtener textos impecables.

Ejemplo real

Escenario: un marketer necesita captions atractivos para el lanzamiento de un producto.
Pasos:

1. Introduce prompts con las características del producto y el público objetivo.
2. Revisa y selecciona captions generados por la IA.
3. Ajusta el tono para alinearlo con la voz de la marca y publícalos en redes sociales.
4. **Resultado:** el marketer crea captions de alta calidad rápidamente, aumentando la interacción con un esfuerzo mínimo.

Reflexión final

HyperWrite permite a los usuarios desbloquear su potencial creativo ofreciendo sugerencias inteligentes y optimizando el proceso de redacción. Es una herramienta imprescindible para quienes desean producir contenido de calidad de manera eficiente.

IV

Herramientas Especializadas y de Nicho

Las herramientas de IA especializadas cubren necesidades únicas con soluciones avanzadas para tareas específicas. Facilitan la investigación, automatizan flujos repetitivos, permiten interacciones personalizadas y aportan conocimientos computacionales. Desde impulsar la productividad académica hasta crear conversaciones y gestionar memorias digitales, simplifican procesos complejos y abren nuevas oportunidades para profesionales e innovadores.

19

Elicit - Asistencia en investigación para académicos y profesionales

¿Qué es Elicit?

Elicit es un asistente de investigación con IA diseñado para ayudar a académicos, estudiantes y profesionales a agilizar el proceso de búsqueda, resumen y organización de artículos científicos. Utiliza IA para analizar y extraer información relevante de grandes bases de datos o publicaciones.

¿Por qué usar Elicit?

Elicit hace que la investigación sea más eficiente con funciones como:

- **Resúmenes de artículos:** obtén resúmenes concisos de publicaciones académicas.
- **Respuestas a preguntas:** encuentra respuestas directas en fuentes científicas.

- **Organización de datos:** estructura los hallazgos en formatos organizados.

¿Quién debería usar Elicit?

- **Académicos e investigadores:** ahorrar tiempo en revisiones bibliográficas.
- **Estudiantes:** facilitar la búsqueda de fuentes confiables para trabajos.
- **Profesionales:** usar información basada en datos para decisiones empresariales o técnicas.

Cómo empezar con Elicit

1. **Regístrate:** visita elicit.org y crea una cuenta.
2. **Haz una pregunta:** introduce tu consulta o tema de investigación.
3. **Revisa resultados:** analiza los artículos y resúmenes seleccionados por la IA.
4. **Organiza datos:** utiliza las herramientas de Elicit para dar formato a los hallazgos.

Consejos prácticos

- Úsalo para revisiones sistemáticas rápidas en investigación académica o empresarial.
- Combínalo con gestores de citas para un flujo de trabajo fluido.

Ejemplo real

Escenario: un estudiante de posgrado necesita recopilar estudios sobre energía renovable.

Pasos:

1. Ingresa la consulta: "¿Cuáles son los últimos avances en almacenamiento de energía renovable?"
2. Revisa los artículos principales sugeridos por Elicit.
3. Resume los hallazgos en una presentación para clase.
4. **Resultado:** horas de investigación manual se reducen a minutos.

Reflexión final

Elicit optimiza la investigación al brindar acceso rápido a resúmenes, ideas y artículos relevantes, ahorrando tiempo y aumentando la eficiencia.

20

Bardeen – Automatizando tareas repetitivas en línea

Qué es Bardeen?

Bardeen es una herramienta de automatización que permite ahorrar tiempo y reducir esfuerzo al encargarse de tareas repetitivas en línea.

¿Por qué usar Bardeen?

Bardeen ayuda a optimizar el trabajo con funciones como:

- **Automatización en el navegador:** ingreso de datos, envío de formularios y scraping.
- **Integraciones con apps:** conecta con herramientas como Notion, Slack y Google Sheets.
- **Flujos de trabajo prediseñados:** recetas listas para tareas comunes.

¿Quién debería usar Bardeen?

- **Profesionales:** automatizar transferencias de datos entre aplicaciones.
- **Marketers:** recopilar datos o actualizar CRMs fácilmente.
- **Desarrolladores:** simplificar pruebas repetitivas o tareas de depuración.

Cómo empezar con Bardeen

1. **Instala la extensión:** añádela a tu navegador desde bardeen.ai.
2. **Elige una receta:** selecciona una automatización preconfigurada o crea la tuya.
3. **Ejecuta la tarea:** activa la automatización y deja que Bardeen haga el resto.

Consejos prácticos

- Personaliza flujos de trabajo para tareas como extraer datos de webs o enviar correos automáticos.
- Combínalo con herramientas de productividad para mejorar la eficiencia del equipo.

Ejemplo real

Escenario: un especialista en marketing quiere recopilar precios de la competencia y actualizarlos en Google Sheets.
Pasos:

1. Usa Bardeen para extraer los precios de la web de la com-

petencia.

2. Automatiza el ingreso de datos en una hoja de Google.
3. Programa la tarea para que se ejecute semanalmente.
4. **Resultado:** los datos de precios competitivos se mantienen actualizados automáticamente.

Reflexión final

Bardeen automatiza tareas repetitivas en línea, mejorando la productividad y liberando tiempo para actividades más críticas y creativas.

21

Character.AI – Conversaciones personalizadas y entretenimiento

¿Qué es Character.AI?

Character.AI es una plataforma que permite a los usuarios interactuar con personalidades de IA personalizables, creando conversaciones únicas y atractivas. Está diseñada para el entretenimiento, la exploración creativa y aplicaciones prácticas como la lluvia de ideas o la prueba de conceptos.

¿Por qué usar Character.AI?

- **Personalidades personalizadas:** crea personajes de IA con rasgos y áreas de conocimiento específicas.
- **Experiencias interactivas:** participa en conversaciones dinámicas para entretenimiento o aprendizaje.
- **Exploración creativa:** utiliza la plataforma para generar ideas o simular escenarios.

¿Quién debería usar Character.AI?

- **Escritores y narradores:** desarrollar diálogos o arcos de personajes para proyectos creativos.
- **Educadores y estudiantes:** crear asistentes de enseñanza o explorar el aprendizaje conversacional.
- **Gamers y aficionados:** diseñar personajes interactivos para juegos o disfrute personal.

Cómo empezar con Character.AI

1. **Regístrate:** visita character.ai y crea una cuenta.
2. **Diseña un personaje:** personaliza rasgos, comportamientos y conocimientos de tu IA.
3. **Interactúa:** conversa con tu personaje para probar sus respuestas o disfrutar de la experiencia.
4. **Refina:** ajusta configuraciones para mejorar la interacción o adaptarlo a tus necesidades.

Consejos prácticos

- Usa Character.AI para lluvia de ideas o probar diálogos en historias o guiones.
- Comparte tus personajes de IA con amigos o colaboradores para obtener retroalimentación.

Ejemplo real

Escenario: un desarrollador de videojuegos diseña un personaje de IA para probar diálogos en un nuevo RPG.
Pasos:

1. Personaliza un personaje con rasgos de personalidad e historia de fondo.
2. Interactúa con el personaje para simular conversaciones dentro del juego.
3. Refina los diálogos según las respuestas de la IA para mayor realismo.
4. **Resultado:** el desarrollador crea diálogos más naturales e inmersivos, mejorando la calidad narrativa del juego.

Reflexión final

Character.AI da vida a la creatividad con conversaciones personalizables, siendo una herramienta valiosa para la narración, el aprendizaje y el entretenimiento. Es perfecta para quienes deseen experimentar con IA interactiva y dinámica.

22

Wolfram Alpha – Conocimientos y soluciones computacionales

¿Qué es Wolfram Alpha?

Wolfram Alpha es un motor de conocimiento computacional que proporciona respuestas y soluciones a consultas complejas. Desde problemas matemáticos hasta análisis de datos financieros, es una herramienta imprescindible para profesionales y estudiantes.

¿Por qué usar Wolfram Alpha?

Wolfram Alpha simplifica la resolución de problemas con:

- **Cálculos instantáneos:** resuelve ecuaciones o analiza conjuntos de datos rápidamente.
- **Respuestas de nivel experto:** acceso a conocimientos detallados en ciencia, ingeniería y negocios.
- **Informes personalizados:** genera reportes con explica-

ciones paso a paso.

¿Quién debería usar Wolfram Alpha?

- **Estudiantes:** resolver tareas escolares o prepararse para exámenes.
- **Investigadores:** analizar datos o validar hallazgos.
- **Profesionales:** usar herramientas computacionales para la toma de decisiones.

Cómo empezar con Wolfram Alpha

1. **Visita la web:** entra en wolframalpha.com.
2. **Introduce una consulta:** escribe tu pregunta o problema.
3. **Revisa resultados:** analiza la respuesta detallada y explora conocimientos relacionados.

Consejos prácticos

- Usa la versión Pro para acceder a funciones avanzadas como soluciones paso a paso.
- Combínalo con hojas de cálculo para análisis de datos más completos.

Ejemplo real

Escenario: un analista financiero necesita modelar el crecimiento de una inversión.
Pasos:

1. Ingresa la consulta: "Calcular interés compuesto para

$10,000 al 5% durante 10 años."
2. Revisa el desglose detallado.
3. Exporta los resultados para incluirlos en un informe.
4. **Resultado:** el analista completa la tarea de manera precisa y rápida.

Reflexión final

Wolfram Alpha ofrece un acceso confiable a cálculos, análisis y conocimientos computacionales, convirtiéndose en una herramienta clave para el aprendizaje, la investigación y la toma de decisiones profesionales.

23

Rewind AI - Un asistente digital de memoria

¿Qué es Rewind AI?

Rewind AI es una herramienta de memoria digital que registra y organiza tus actividades digitales, facilitando recordar interacciones, documentos o reuniones pasadas.

¿Por qué usar Rewind AI?

Rewind AI mejora la productividad con:

- **Memoria buscable:** encuentra rápidamente conversaciones o archivos anteriores.
- **Controles de privacidad:** almacena datos de forma segura y decide qué se graba.
- **Información de reuniones:** captura y resume automáticamente los puntos clave.

¿Quién debería usar Rewind AI?

- **Profesionales:** gestionar agendas ocupadas y recordar detalles importantes.
- **Estudiantes:** organizar notas de clases y actividades de investigación.
- **Emprendedores:** acceder a comunicaciones pasadas para decisiones estratégicas.

Cómo empezar con Rewind AI

1. **Instala la app:** descarga Rewind AI en tu dispositivo.
2. **Personaliza la configuración:** selecciona qué actividades grabar.
3. **Busca y recuerda:** usa la barra de búsqueda para encontrar información específica.

Consejos prácticos

- Usa Rewind AI para repasar reuniones y preparar seguimientos.
- Configura filtros de privacidad para excluir datos sensibles.

Ejemplo real

Escenario: un gerente necesita recordar detalles de una llamada con un cliente.
Pasos:

1. Busca el nombre del cliente en Rewind AI.
2. Revisa la conversación grabada.

3. Extrae los puntos clave para un correo de seguimiento.
4. **Resultado:** el gerente ahorra tiempo y asegura una comunicación precisa.

Reflexión final

Rewind AI es una poderosa herramienta de memoria digital que ayuda a capturar, organizar y recordar interacciones e información de manera sencilla. Su capacidad para optimizar la productividad y mejorar el enfoque la convierte en un recurso invaluable para profesionales y cualquier persona que quiera gestionar sus actividades digitales con eficiencia.

V

IA para ventas y marketing

Las herramientas de IA están transformando las ventas y el marketing al automatizar procesos, optimizar campañas publicitarias y potenciar la creatividad. Simplifican la gestión de e-commerce, agilizan el dropshipping y aprovechan tendencias para un marketing más efectivo. Desde crear copys atractivos hasta generar anuncios de alto rendimiento, permiten a las empresas llegar mejor a su público, ahorrar tiempo y aumentar ventas con precisión basada en datos.

24

Shopify – Optimizando tu negocio de comercio electrónico

¿Qué es Shopify?

Shopify es una plataforma de comercio electrónico todo en uno que permite a los emprendedores crear, gestionar y escalar sus tiendas en línea. Simplifica desde la gestión de inventario hasta el procesamiento de pagos, siendo una de las principales opciones para pequeñas y medianas empresas.

¿Por qué usar Shopify?

Shopify ofrece potentes herramientas para optimizar tus operaciones de e-commerce, entre ellas:

- **Creador de tiendas fácil de usar:** diseña una tienda profesional con plantillas personalizables.
- **Integración de pagos:** acepta múltiples métodos de pago de forma segura.

- **Funciones de marketing:** ejecuta campañas y analiza el rendimiento de ventas en un solo lugar.

¿Quién debería usar Shopify?

- **Emprendedores:** lanzar un nuevo negocio online con poco esfuerzo.
- **Pequeños empresarios:** escalar operaciones con herramientas avanzadas.
- **Creadores:** monetizar productos como arte digital, merchandising o suscripciones.

Cómo empezar con Shopify

1. **Regístrate:** visita shopify.com y crea una cuenta.
2. **Configura tu tienda:** elige una plantilla y personaliza el escaparate.
3. **Agrega productos:** sube descripciones, imágenes y precios.
4. **Lanza tu tienda:** configura los métodos de pago y publícala.

Consejos prácticos

- Usa las analíticas de Shopify para seguir el comportamiento de los clientes y optimizar ventas.
- Integra aplicaciones para email marketing, envíos y gestión de inventario.

Ejemplo real

Escenario: un artesano quiere vender productos hechos a mano en línea.
Pasos:

1. Crea una tienda en Shopify y sube fotos de los productos.
2. Utiliza las herramientas SEO de Shopify para optimizar las páginas de producto.
3. Promociona la tienda con integraciones en redes sociales.
4. **Resultado:** el artesano amplía su alcance, aumenta ventas y gestiona pedidos de manera eficiente.

Reflexión final

Shopify es una solución integral para crear y administrar una tienda online, que empodera a los emprendedores a escalar sus negocios con eficiencia mediante herramientas potentes e integraciones fluidas.

25

AutoDS – Automatizando tu negocio de dropshipping

¿Qué es AutoDS?

AutoDS es una plataforma integral de dropshipping que optimiza la búsqueda de productos, la gestión de inventario y el cumplimiento de pedidos para tiendas de e-commerce. Diseñada para la eficiencia, AutoDS automatiza tareas repetitivas, ayudando a los emprendedores a centrarse en escalar sus negocios.

¿Por qué usar AutoDS?

- **Búsqueda de productos:** accede a artículos de una amplia red de proveedores, incluyendo AliExpress, Amazon, Walmart y eBay.
- **Automatización de inventario y precios:** monitorea y actualiza inventario y precios en tiempo real para evitar sobreventas o errores.
- **Cumplimiento de pedidos:** automatiza el procesamiento

de órdenes y el seguimiento de envíos para una experiencia fluida.

- **Investigación de productos con IA:** identifica artículos rentables y de alta demanda.
- **Compatibilidad multiplataforma:** funciona con Shopify, WooCommerce, Wix y más.

¿Quién debería usar AutoDS?

- **Emprendedores de e-commerce:** iniciar o escalar un negocio de dropshipping con poco esfuerzo manual.
- **Dueños de tiendas Shopify:** mejorar la gestión de la tienda con funciones avanzadas de automatización.
- **Pequeños empresarios:** optimizar inventario y pedidos para mayor eficiencia.

Cómo empezar con AutoDS

1. **Regístrate:** crea una cuenta en autods.com.
2. **Integra tu tienda:** conecta AutoDS con Shopify u otra plataforma de e-commerce.
3. **Importa productos:** selecciona artículos de los proveedores y súbelos directamente a tu tienda.
4. **Automatiza operaciones:** configura monitoreo de precios e inventario, gestión de pedidos y notificaciones a clientes.
5. **Analiza y optimiza:** usa las analíticas de AutoDS para evaluar el rendimiento y refinar tu estrategia.

Consejos prácticos

· Usa la función de importación masiva para llenar tu tienda rápidamente con productos de alta demanda.
· Aprovecha la herramienta de investigación de productos para detectar tendencias en tu nicho.
· Activa la gestión automática de devoluciones para mejorar la satisfacción del cliente.

Ejemplo real

Escenario: un dueño de tienda Shopify quiere escalar operaciones gestionando múltiples proveedores.
Pasos:

1. Conecta su tienda Shopify con AutoDS.
2. Importa productos de varios proveedores, como Amazon y Walmart.
3. Automatiza ajustes de precios y seguimiento de inventario para evitar sobreventas.
4. **Resultado:** la tienda opera de forma más eficiente, permitiendo al propietario enfocarse en marketing y crecimiento.

Reflexión final

AutoDS es una herramienta poderosa de dropshipping que simplifica y automatiza los aspectos más demandantes del e-commerce. Su red de proveedores, funciones avanzadas de automatización y soporte multiplataforma la convierten en un recurso valioso para emprendedores que buscan optimizar operaciones y escalar sus negocios con eficacia.

26

TikTok Creative Center – Aprovechando las tendencias para el éxito en marketing

¿Qué es TikTok Creative Center?

TikTok Creative Center ofrece información y herramientas para ayudar a las empresas a crear contenido alineado con las tendencias y ejecutar campañas de marketing efectivas en TikTok. Está diseñado para maximizar el alcance y la interacción aprovechando tendencias y analíticas en tiempo real.

¿Por qué usar TikTok Creative Center?

TikTok Creative Center ayuda a las empresas a aprovechar la enorme audiencia de la plataforma con:

- **Análisis de tendencias:** mantente al día con hashtags, sonidos y retos en tendencia.
- **Herramientas de creación de anuncios:** accede a plantillas y consejos para diseñar anuncios efectivos.

- **Información de rendimiento:** analiza métricas de campaña para perfeccionar estrategias.

¿Quién debería usar TikTok Creative Center?

- **Marketers:** crear campañas virales que conecten con las audiencias.
- **Pequeños empresarios:** promocionar productos y servicios a un público joven.
- **Creadores de contenido:** aprovechar las herramientas de TikTok para crecer y monetizar su comunidad.

Cómo empezar con TikTok Creative Center

1. **Accede a la plataforma:** visita TikTok Creative Center.
2. **Explora tendencias:** investiga temas, sonidos y hashtags populares.
3. **Crea contenido:** utiliza plantillas y herramientas de IA para diseñar videos atractivos.
4. **Lanza anuncios:** ejecuta campañas dirigidas a audiencias específicas.

Consejos prácticos

- Monitorea hashtags en tendencia de forma regular para mantener relevancia.
- Usa las herramientas de IA de TikTok para crear anuncios dinámicos y atractivos.

Ejemplo real

Escenario: una marca de ropa quiere lanzar una campaña en TikTok para una nueva colección.

Pasos:

1. Investiga sonidos y retos en tendencia con TikTok Creative Center.
2. Crea videos mostrando la nueva colección con captions llamativos.
3. Lanza una campaña dirigida a entusiastas de la moda.
4. **Resultado:** aumento de la visibilidad de la marca y un impulso en las ventas.

Reflexión final

TikTok Creative Center ayuda a las empresas a mantenerse relevantes aprovechando tendencias y analíticas, convirtiéndose en un recurso valioso para crear campañas de marketing impactantes y atractivas.

27

AdCreative.ai (Ampliado) – Optimizando anuncios para ventas

¿Por qué volver a AdCreative.ai?

Además de su función en el diseño de anuncios visualmente atractivos, AdCreative.ai ofrece herramientas avanzadas para optimizar anuncios orientados a ventas. Al analizar datos de rendimiento y generar sugerencias personalizadas, asegura que tus campañas ofrezcan el máximo ROI.

Funciones clave para la optimización

- **Métricas de rendimiento:** evalúa el éxito de los anuncios con analíticas detalladas.
- **Pruebas A/B:** compara variaciones rápidamente para identificar qué funciona mejor.
- **Recomendaciones personalizadas:** mejoras adaptadas a los objetivos de la campaña.

Cómo sacar el máximo provecho de AdCreative.ai

- **Analiza campañas pasadas:** identifica fortalezas y debilidades con los datos de rendimiento.
- **Optimiza visuales y textos:** ajusta anuncios basándote en las sugerencias generadas por IA.
- **Prueba y ajusta:** lanza nuevas campañas con pruebas A/B para mejorar continuamente.

Ejemplo real

Escenario: una pequeña empresa quiere mejorar las conversiones en sus anuncios de Facebook.
Pasos:

1. Revisa las analíticas de campañas anteriores.
2. Ajusta visuales y titulares según las sugerencias de AdCreative.ai.
3. Prueba dos variaciones de anuncio y selecciona la más efectiva.
4. **Resultado:** mejora en el rendimiento de los anuncios y un incremento notable en las conversiones.

Reflexión final

AdCreative.ai potencia el rendimiento publicitario al generar creatividades y textos basados en datos, garantizando que las empresas logren mayor interacción y conversiones de manera sencilla.

28

Jasper.ai - Creando textos de marketing atractivos

¿Qué es Jasper.ai?

Jasper.ai es una herramienta de creación de contenido potenciada por IA, diseñada para ayudar a las empresas a redactar textos de marketing atractivos. Desde publicaciones en redes sociales hasta artículos de blog, Jasper ahorra tiempo y garantiza resultados de alta calidad.

¿Por qué usar Jasper.ai?

Jasper.ai potencia tu estrategia de marketing con:

· **Textos generados por IA:** crea anuncios, correos y más con mínima información.
· **Personalización del tono:** ajusta el estilo de escritura a la voz de tu marca.
· **Optimización SEO:** genera contenido diseñado para posi-

cionarse en buscadores.

¿Quién debería usar Jasper.ai?

- **Marketers:** producir contenido para campañas de forma rápida y eficiente.
- **Emprendedores:** redactar comunicaciones profesionales con facilidad.
- **Bloggers:** generar posts optimizados para SEO en menos tiempo.

Cómo empezar con Jasper.ai

1. **Regístrate:** visita jasper.ai y crea una cuenta.
2. **Introduce tus necesidades:** describe el tipo de contenido y el tema.
3. **Revisa los resultados:** ajusta el contenido generado por la IA a tus objetivos.
4. **Publica:** utiliza el contenido en tus campañas o plataformas.

Consejos prácticos

- Usa Jasper.ai para generar ideas y esquemas de contenido.
- Combínalo con herramientas SEO para lograr máxima visibilidad.

Ejemplo real

Escenario: un especialista en marketing necesita un correo atractivo para el lanzamiento de un producto.

Pasos:

1. Ingresa en Jasper.ai los detalles del producto y el tono deseado.
2. Revisa y edita el texto del correo generado.
3. Envía el correo a una lista segmentada de clientes potenciales.
4. **Resultado:** un correo profesional que aumenta la interacción y las conversiones.

Reflexión final

Jasper.ai empodera a marketers y creadores para producir contenido atractivo y optimizado para SEO de forma rápida, convirtiéndose en una herramienta esencial para escalar estrategias de marketing de contenidos.

29

Forethought – IA para la atención al cliente

¿Qué es Forethought?

Forethought es una plataforma de atención al cliente potenciada por IA que mejora el soporte al automatizar la resolución de tickets y optimizar los tiempos de respuesta. Gracias al aprendizaje automático avanzado, ayuda a las empresas a ofrecer un servicio más rápido, inteligente y eficiente. Sus herramientas se integran fácilmente con los principales sistemas de help desk, permitiendo brindar experiencias de soporte excepcionales.

¿Por qué usar Forethought?

- **Resolución automatizada de tickets:** soluciona problemas comunes mediante flujos de trabajo con IA.
- **Sugerencias inteligentes:** proporciona a los agentes respuestas contextuales para mejorar la precisión.
- **Integración fluida:** compatible con plataformas como Zen-

desk, Salesforce y HubSpot.

- **Información basada en datos:** analiza tendencias de soporte para detectar áreas de mejora.

¿Quién debería usar Forethought?

- **Equipos de soporte:** optimizar flujos de trabajo y gestionar consultas con mayor eficiencia.
- **Empresas:** escalar la atención al cliente sin aumentar personal.
- **Startups:** ofrecer soporte profesional con recursos limitados.

Cómo empezar con Forethought

1. **Regístrate:** crea una cuenta en forethought.ai.
2. **Integra herramientas de soporte:** conecta Forethought a tu plataforma actual.
3. **Configura flujos de trabajo:** automatiza respuestas para consultas comunes.
4. **Entrena los modelos de IA:** usa datos históricos para mejorar la precisión.
5. **Monitorea el rendimiento:** mide eficiencia y satisfacción del cliente.

Consejos prácticos

- Usa la búsqueda potenciada por IA para entregar soluciones rápidas con información relevante.
- Entrena el sistema regularmente con nuevos datos para una mejora continua.

- Analiza el feedback de clientes para refinar flujos de soporte y elevar la satisfacción.

Ejemplo real

Escenario: una empresa de e-commerce recibe un alto volumen de tickets durante la temporada navideña.

Pasos:

1. Implementa Forethought para automatizar respuestas a FAQs como tiempos de envío y devoluciones.
2. Entrena los modelos de IA con datos de tickets pasados para mayor precisión.
3. Ofrece a los agentes respuestas sugeridas para consultas complejas.
4. **Resultado:** la empresa reduce los tiempos de resolución, mejora la satisfacción de clientes y gestiona la alta demanda sin aumentar personal.

Reflexión final

Forethought permite a las empresas ofrecer un soporte más inteligente, rápido y eficaz. Al automatizar tareas repetitivas y generar información valiosa, libera a los equipos de soporte para enfocarse en resolver problemas complejos y mejorar la experiencia del cliente. Es una herramienta poderosa para escalar operaciones de atención sin perder calidad en el servicio.

VI

IA para voz y audio

Las herramientas de IA para voz y audio mejoran la comunicación y la creación de contenido con soluciones innovadoras. Desde generar locuciones realistas y audio profesional hasta eliminar ruidos de fondo y editar con facilidad, agilizan la producción. También ofrecen transcripción y voces personalizadas, convirtiéndose en esenciales para empresas, creadores y profesionales que buscan entregar contenido claro, atractivo y accesible.

30

Speechify – Creación de contenido de audio profesional

¿Qué es Speechify?

Speechify es una herramienta impulsada por IA que convierte texto escrito en audio de alta calidad. Diseñada para mejorar la accesibilidad y la productividad, permite escuchar libros, documentos, correos electrónicos y páginas web en lugar de leerlos. Es una solución ideal para quienes prefieren el aprendizaje auditivo o necesitan asistencia por discapacidades visuales o dislexia.

¿Por qué usar Speechify?

· **Voces realistas:** elige entre una variedad de voces y lenguajes con sonido natural.

· **Ajustes personalizados:** controla la velocidad de lectura y el tono de voz según tus preferencias.

· **Fuentes versátiles:** convierte texto desde PDFs, documentos Word, páginas web y más.

- **Funciones de accesibilidad:** hace que el contenido sea accesible para personas con dificultades de lectura o discapacidades visuales.

¿Quién debería usar Speechify?

- **Estudiantes:** convertir libros y apuntes en audio para estudiar en cualquier lugar.
- **Profesionales:** mantenerse productivos escuchando correos o reportes durante traslados.
- **Lectores y escritores:** disfrutar de audiolibros convirtiendo eBooks y artículos.
- **Personas con necesidades de accesibilidad:** usarlo como ayuda de lectura en casos de dislexia o discapacidad visual.

Cómo empezar con Speechify

1. **Descarga la app:** instálala desde speechify.com o tu tienda de aplicaciones.
2. **Sube el texto:** importa documentos, pega texto o usa la extensión de navegador para contenido web.
3. **Elige una voz:** selecciona el idioma y la voz que prefieras.
4. **Reproduce y escucha:** pulsa play y disfruta tu contenido en formato audio.

Consejos prácticos

- Acelera tu aprendizaje escuchando contenido a mayor velocidad de reproducción.
- Intégralo con plataformas en la nube como Google Drive o

Dropbox para fácil acceso a tus archivos.
- Usa la extensión de navegador para escuchar artículos en línea sin distracciones.

Ejemplo real

Escenario: un estudiante con agenda apretada no logra leer todo el material asignado.
Pasos:

1. Sube sus libros y apuntes a Speechify.
2. Elige una voz natural y ajusta la velocidad de reproducción.
3. Escucha el material mientras se traslada o hace ejercicio.
4. **Resultado:** el estudiante asimila más contenido de forma eficiente sin sacrificar tiempo ni energía.

Reflexión final

Speechify es una herramienta versátil y poderosa que transforma texto en audio, haciendo el contenido más accesible y productivo. Ya seas estudiante, profesional o una persona con necesidades de accesibilidad, Speechify te permite interactuar con material escrito de una forma que se adapta a tu estilo de vida.

31

Krisp – Eliminando el ruido de fondo para una comunicación clara

¿Qué es Krisp?

Krisp es una aplicación de cancelación de ruido impulsada por IA que elimina sonidos de fondo en llamadas y grabaciones en tiempo real. Mejora la claridad del audio, garantizando comunicación y creación de contenido profesional.

¿Por qué usar Krisp?

· **Cancelación de ruido:** elimina distracciones como clics de teclado, tráfico o ladridos de perros.

· **Mejora de calidad de audio:** asegura conversaciones y grabaciones claras y sin interrupciones.

· **Compatibilidad multiplataforma:** funciona con apps como Zoom, Microsoft Teams y Slack.

· **Interfaz sencilla:** activación con un clic para mejorar el audio al instante.

¿Quién debería usar Krisp?

- **Trabajadores remotos:** mantener profesionalismo en reuniones virtuales en entornos ruidosos.
- **Creadores de contenido:** grabar podcasts, videos o tutoriales con alta calidad.
- **Educadores y formadores:** impartir clases online sin distracciones.

Cómo empezar con Krisp

1. **Instala la app:** descárgala desde krisp.ai y configúrala.
2. **Activa la cancelación de ruido:** habilita la función en llamadas o grabaciones.
3. **Integra con tus herramientas:** úsalo junto a tus apps de comunicación o grabación preferidas.
4. **Disfruta comunicación clara:** obtén audio libre de distracciones en cualquier entorno.

Consejos prácticos

- Combina Krisp con un micrófono de calidad para mejores resultados.
- Activa la cancelación de eco para mayor claridad en espacios poco optimizados.
- Usa las analíticas de Krisp para monitorear rendimiento y configuraciones.

Ejemplo real

Escenario: un miembro de un equipo remoto se conecta a una reunión virtual desde una cafetería concurrida.

Pasos:

1. Activa Krisp para cancelar el ruido de fondo durante la llamada.
2. Habla con claridad sin preocuparte por distracciones externas.
3. Colabora de manera efectiva sin problemas de audio.
4. **Resultado:** el miembro del equipo se comunica profesionalmente, incluso en un entorno ruidoso.

Reflexión final

Krisp asegura una comunicación nítida eliminando ruidos de fondo en tiempo real. Es una herramienta esencial para profesionales, educadores y creadores de contenido que valoran un audio de alta calidad en cualquier situación.

32

Murf.ai – Generando locuciones realistas

¿Qué es Murf.ai?

Murf.ai es una plataforma impulsada por IA para crear locuciones de calidad profesional. Ofrece voces realistas en múltiples idiomas, lo que la convierte en una opción ideal para videos, presentaciones, anuncios y contenido de eLearning.

¿Por qué usar Murf.ai?

- **Amplia selección de voces:** elige entre diferentes voces, acentos y tonos para tu proyecto.
- **Funciones personalizables:** ajusta el tono, la velocidad y el énfasis para lograr un flujo natural.
- **Soporte multilingüe:** produce locuciones en varios idiomas para audiencias globales.
- **Eficiencia en tiempo y costo:** ahorra recursos frente a la contratación de locutores profesionales.

¿Quién debería usar Murf.ai?

· **Creadores de contenido:** añadir narraciones profesionales a videos de YouTube, tutoriales y pódcasts.

· **Marketers:** crear locuciones atractivas para anuncios y videos promocionales.

· **Educadores:** mejorar módulos de eLearning con narraciones claras y dinámicas.

Cómo empezar con Murf.ai

1. **Regístrate:** crea una cuenta en murf.ai.
2. **Sube o escribe un guion:** proporciona el texto de tu locución.
3. **Selecciona una voz:** elige entre las opciones disponibles para ajustarla al tono de tu proyecto.
4. **Personaliza y exporta:** ajusta la configuración y descarga tu locución finalizada.

Consejos prácticos

· Usa la función de clonación de voz de Murf.ai para mantener una voz de marca consistente.

· Prueba distintas opciones de voz hasta encontrar la que mejor conecte con tu audiencia.

· Aprovecha las capacidades multilingües para crear contenido en varios idiomas.

Ejemplo real

Escenario: una startup crea un video demo para explicar su nuevo software.

Pasos:

1. Redacta un guion conciso para la demostración.
2. Usa Murf.ai para generar una locución profesional con el tono deseado.
3. Sincroniza la locución con los visuales para producir un demo pulido.
4. **Resultado:** la startup entrega un video profesional que comunica eficazmente su propuesta de valor a clientes potenciales.

Reflexión final

Murf.ai simplifica el proceso de crear locuciones realistas y de alta calidad, siendo una herramienta invaluable para quienes buscan producir contenido de audio profesional de manera rápida y asequible.

33

Descript (Ampliado) – Edición de audio y voz

¿Qué es Descript?

Descript es una plataforma versátil de edición de audio y video que permite a los usuarios editar contenido mediante herramientas basadas en texto. Su función **Overdub** posibilita la edición y creación de voces realistas, lo que la hace ideal para pódcasts, videos y locuciones.

¿Por qué usar Descript?

- **Edición basada en texto:** modifica el audio editando la transcripción.
- **Función Overdub:** crea o corrige locuciones de forma fluida con IA.
- **Integración multitool:** graba, edita y produce en una sola plataforma.
- **Colaboración en equipo:** trabaja con otros miembros en

tiempo real.

¿Quién debería usar Descript?

- **Podcasters:** simplificar la edición de episodios y eliminar muletillas.
- **Creadores de video:** combinar edición de texto y video en flujos más ágiles.
- **Empresas:** producir contenido formativo o promocional con eficiencia.

Cómo empezar con Descript

1. **Regístrate:** descarga Descript en descript.com.
2. **Importa contenido:** sube archivos de audio o video para transcripción y edición.
3. **Edita el texto:** los cambios en la transcripción se reflejan en el audio o video.
4. **Exporta:** guarda el proyecto final en el formato que prefieras.

Consejos prácticos

- Usa Overdub para correcciones rápidas o para generar locuciones sintéticas.
- Añade subtítulos para mejorar la accesibilidad y el engagement en videos.
- Utiliza plantillas para mantener coherencia en el branding de tus contenidos.

Ejemplo real

Escenario: un podcaster necesita editar una entrevista para mayor claridad y fluidez.

Pasos:

1. Sube la grabación a Descript y transcríbela.
2. Elimina muletillas y mejora la claridad con el editor de texto.
3. Exporta el episodio pulido.
4. **Resultado:** un pódcast profesional listo para publicar con mínimo esfuerzo.

Reflexión final

Descript revoluciona la edición de contenido al hacerla basada en texto y fácil de usar, ahorrando tiempo y permitiendo producciones de alta calidad tanto para creadores como para empresas.

34

Lovo.ai – Voces personalizadas para branding

¿Qué es Lovo.ai?

Lovo.ai es un generador de voces potenciado por IA que permite crear locuciones personalizadas y clonar voces para fines de branding. Es una excelente herramienta para producir contenido de audio único y consistente en múltiples proyectos.

¿Por qué usar Lovo.ai?

- **Clonación de voz:** crea una voz personalizada para tu marca.
- **Soporte multilingüe:** genera locuciones en varios idiomas.
- **Versatilidad:** utilízalo para anuncios, eLearning, audiolibros y videojuegos.
- **Rapidez:** produce audio profesional de manera ágil y eficiente.

¿Quién debería usar Lovo.ai?

- **Marketers:** desarrollar voces de marca para campañas publicitarias.
- **Creadores de contenido:** crear voces únicas para personajes y narraciones.
- **Empresas:** personalizar interacciones con clientes mediante tecnología de voz.

Cómo empezar con Lovo.ai

1. **Regístrate:** crea una cuenta en lovo.ai.
2. **Introduce tu guion:** proporciona el texto para la locución.
3. **Selecciona o clona una voz:** elige una voz existente o crea una personalizada.
4. **Genera y descarga:** produce la locución y expórtala para su uso.

Consejos prácticos

- Usa Lovo.ai para contenido multilingüe y ampliar tu alcance global.
- Aprovecha la clonación de voz para mantener coherencia en tu branding.
- Experimenta con tonos y estilos para adaptarlos a las necesidades de tu proyecto.

Ejemplo real

Escenario: una marca quiere crear una voz distintiva para su campaña publicitaria.

Pasos:

1. Usa Lovo.ai para clonar una voz que refleje la identidad de la marca.
2. Genera locuciones para varios guiones publicitarios en distintos idiomas.
3. Incorpora las locuciones en materiales de marketing multimedia.
4. **Resultado:** una campaña cohesiva y profesional que refuerza el reconocimiento de la marca.

Reflexión final

Lovo.ai empodera a creadores y empresas para producir locuciones de calidad profesional con facilidad, ofreciendo flexibilidad y personalización para un branding consistente y narrativas atractivas.

35

Otter.ai (Ampliado) – Transcripciones para negocios y accesibilidad

¿Qué es Otter.ai?

Otter.ai es un servicio de transcripción impulsado por IA que captura y convierte el lenguaje hablado en texto. Simplifica la toma de notas y mejora la accesibilidad en reuniones, clases y entrevistas.

¿Por qué usar Otter.ai?

- **Transcripciones en tiempo real:** captura conversaciones al instante.
- **Identificación de hablantes:** distingue entre varios interlocutores para mayor claridad.
- **Integración sencilla:** funciona con plataformas como Zoom, Google Meet y Microsoft Teams.
- **Notas buscables:** localiza puntos clave fácilmente mediante palabras clave.

¿Quién debería usar Otter.ai?

- **Profesionales:** documentar reuniones y compartir notas accionables con equipos.
- **Estudiantes:** transcribir clases y sesiones de estudio para mejorar la retención.
- **Creadores de contenido:** convertir entrevistas en transcripciones para artículos o blogs.

Cómo empezar con Otter.ai

1. **Crea una cuenta:** regístrate en otter.ai.
2. **Sincroniza tus herramientas:** conéctalo con plataformas como Zoom o sube grabaciones.
3. **Transcribe:** genera transcripciones en tiempo real o posteriores al evento.
4. **Organiza y comparte:** guarda y distribuye transcripciones con tu equipo o colaboradores.

Consejos prácticos

- Usa las notas en vivo de Otter.ai durante reuniones para mejorar la colaboración.
- Resalta secciones importantes y añade comentarios para mayor claridad.
- Exporta transcripciones en varios formatos para documentarlas fácilmente.

Ejemplo real

Escenario: un gerente quiere documentar una sesión de brain-storming para tareas de seguimiento.
Pasos:

1. Usa Otter.ai para transcribir la sesión en tiempo real.
2. Resalta los puntos accionables en la transcripción.
3. Comparte las notas con el equipo para asegurar alineación.
4. **Resultado:** mayor productividad del equipo y claridad en los próximos pasos.

Reflexión final

Otter.ai simplifica la transcripción y la toma de notas, mejorando la accesibilidad y productividad de profesionales, estudiantes y equipos. Sus capacidades de integración la convierten en una herramienta versátil para distintos casos de uso.

VII

Sección extra: Apps para elevar tu creatividad y contenido

Estas aplicaciones innovadoras llevan la creatividad y la creación de contenido al siguiente nivel. Desde monetizar fotos y videos con herramientas simplificadas hasta facilitar la publicación de libros, ofrecen soluciones únicas para creadores. Ya sea que busques crear avatares realistas, escribir de forma profesional o integrar la acción climática en tu negocio, estas herramientas brindan nuevas oportunidades para mejorar proyectos, atraer audiencias y generar un impacto significativo.

36

Wirestock – Simplificando la monetización de contenido

¿Qué es Wirestock?

Wirestock es una plataforma de monetización de contenido que simplifica el proceso de vender fotos, videos, ilustraciones y arte generado por IA. Actuando como un hub central, permite a los creadores subir su trabajo una sola vez y distribuirlo en múltiples bancos de stock como Shutterstock, Adobe Stock y Alamy, automatizando el proceso de envío.

¿Por qué usar Wirestock?

· **Distribución con un clic:** sube tu contenido una vez y publícalo en varias bibliotecas de stock al mismo tiempo.
· **Automatización de metadatos:** herramientas con IA generan palabras clave, títulos y descripciones, ahorrando tiempo y mejorando la visibilidad.
· **Analíticas para colaboradores:** sigue el rendimiento de tu

contenido y tus ingresos en un solo lugar.

- **Sin contratos exclusivos:** conserva la libertad de vender tu trabajo en otros sitios.

¿Quién debería usar Wirestock?

- **Fotógrafos y videógrafos:** monetizar portafolios creativos sin gestionar múltiples cuentas.
- **Artistas y diseñadores:** vender arte digital o ilustraciones a audiencias globales.
- **Principiantes:** simplificar la complejidad de enviar contenido a varias plataformas.

Cómo empezar con Wirestock

1. **Regístrate:** crea una cuenta en wirestock.io.
2. **Sube contenido:** agrega tus fotos, videos o arte digital.
3. **Automatiza metadatos:** utiliza las herramientas de IA para generar automáticamente metadatos.
4. **Envía y haz seguimiento:** distribuye tu trabajo en múltiples plataformas y monitorea ventas y rendimiento.

Consejos prácticos

- Sube contenido único y de alta calidad para destacar en mercados competitivos.
- Actualiza regularmente tu portafolio con temas en tendencia o contenido estacional.
- Usa las analíticas de Wirestock para identificar tu contenido más exitoso y ajustar tu estrategia.

Ejemplo real

Escenario: un fotógrafo de viajes quiere maximizar las ganancias de su colección de fotos.

Pasos:

1. Sube las fotos a Wirestock y utiliza las herramientas de IA para generar metadatos.
2. Distribuye el contenido en bancos de stock como Adobe Stock, Shutterstock y Alamy.
3. Supervisa descargas e ingresos desde el panel de Wirestock.
4. **Resultado:** el fotógrafo amplía su alcance e incrementa sus ingresos pasivos sin tener que gestionar múltiples cuentas.

Reflexión final

Wirestock es una excelente solución para creadores que buscan simplificar y maximizar la monetización de su contenido. Su distribución con un clic y la automatización con IA la convierten en una herramienta valiosa para fotógrafos, videógrafos y artistas digitales que desean llegar a una audiencia global con mínimo esfuerzo.

37

Reedsy – Tu aliado en la escritura y publicación de libros

¿Qué es Reedsy?

Reedsy es una plataforma integral diseñada para autores y escritores en ciernes que desean crear, editar y publicar sus libros. Al conectar a los usuarios con un mercado de profesionales de la publicación cuidadosamente seleccionados, Reedsy simplifica el proceso de llevar un libro de la idea a la publicación.

¿Por qué usar Reedsy?

· **Mercado profesional:** contrata editores, diseñadores y expertos en marketing con experiencia.

· **Editor de libros gratuito:** escribe, organiza y formatea tu manuscrito con una herramienta fácil de usar.

· **Guía de publicación:** accede a recursos para navegar tanto la autopublicación como la publicación tradicional.

· **Herramientas de colaboración:** trabaja en tiempo real con tu equipo de profesionales.

¿Quién debería usar Reedsy?

- **Autores noveles:** desarrollar manuscritos pulidos con asistencia profesional.
- **Autores independientes:** agilizar el proceso de formateo y preparación de libros para Amazon Kindle, IngramSpark y más.
- **Emprendedores:** crear y publicar guías de negocios, eBooks o contenido para fortalecer su marca personal.

Cómo empezar con Reedsy

1. **Regístrate:** crea una cuenta en reedsy.com.
2. **Explora el marketplace:** busca profesionales de edición, diseño de portadas y marketing.
3. **Usa el editor de libros:** comienza a escribir o sube tu manuscrito para darle formato.
4. **Publica tu libro:** elige la ruta de publicación y distribúyelo en plataformas o imprentas.

Consejos prácticos

- Usa las herramientas gratuitas de formateo de Reedsy para ahorrar en maquetación profesional.
- Aprovecha los recursos de la plataforma, como webinars y blogs, para estrategias de marketing.
- Trabaja con varios profesionales (editores, correctores, diseñadores) para llevar tu libro a los estándares de la industria.

Ejemplo real

Escenario: un emprendedor quiere publicar un libro de negocios para posicionarse en su sector.

Pasos:

1. Escribe el manuscrito con el editor de libros de Reedsy.
2. Contrata un editor profesional y un diseñador de portadas en el marketplace de Reedsy.
3. Publica el libro en plataformas de autopublicación usando las herramientas de formateo de Reedsy.
4. **Resultado:** el emprendedor lanza un libro profesional y de alta calidad que refuerza su credibilidad y potencia su marca.

Reflexión final

Reedsy es una plataforma completa que empodera a los autores para crear, perfeccionar y publicar sus obras con confianza. Su marketplace profesional y sus herramientas fáciles de usar la convierten en un recurso indispensable para escritores en cualquier etapa de su trayectoria. Ya sea que estés creando tu primera novela o publicando una guía empresarial, Reedsy te brinda el apoyo necesario para alcanzar el éxito.

38

Reface – Avatares personales y visuales divertidos con IA

¿Qué es Reface?

Reface es una aplicación innovadora que utiliza IA para crear avatares personalizados y contenido visual dinámico. Desde intercambiar rostros en memes hasta generar mensajes de video personalizados, Reface ofrece herramientas atractivas para el entretenimiento, el branding personal y la expresión creativa.

¿Por qué usar Reface?

- **Intercambio de rostros con IA:** reemplaza caras en memes, videos o GIFs de tendencia con facilidad.
- **Avatares personalizados:** crea avatares realistas o estilizados para uso personal o profesional.
- **Divertido y atractivo:** comparte visuales únicos y entretenidos con amigos o audiencias.
- **Aplicaciones de marketing:** utiliza contenido creativo para

destacar tus campañas.

¿Quién debería usar Reface?

- **Usuarios de redes sociales:** crear y compartir memes de tendencia o contenido visual único.
- **Marketers:** añadir un toque divertido a campañas promocionales y aumentar la interacción.
- **Creadores de contenido:** incorporar visuales personalizados en videos o plataformas online.

Cómo empezar con Reface

1. **Descarga la app:** instálala desde tu tienda de aplicaciones o visita reface.ai.
2. **Sube tu foto:** añade tu imagen para crear avatares o contenido con intercambio de rostros.
3. **Explora plantillas:** navega entre videos, GIFs y memes para personalizar.
4. **Guarda y comparte:** exporta tus creaciones y publícalas en redes sociales u otras plataformas.

Consejos prácticos

- Usa Reface para generar contenido interactivo en redes sociales y aumentar el engagement.
- Experimenta con avatares creativos para representar tu marca o personalidad.
- Crea mensajes de video personalizados para conectar mejor con tu audiencia.

Ejemplo real

Escenario: un especialista en marketing quiere crear una campaña viral para el lanzamiento de un nuevo producto.
Pasos:

1. Usa Reface para generar memes con intercambio de rostros de personajes de películas populares.
2. Comparte los visuales en redes sociales con captions creativos.
3. Invita a los seguidores a crear y compartir sus propias versiones con la app.
4. **Resultado:** la campaña gana tracción, atrae atención y aumenta la interacción.

Reflexión final

Reface combina la IA más avanzada con diversión y creatividad, convirtiéndose en una herramienta versátil para entretenimiento, branding personal y marketing. Ya sea creando memes o avatares, Reface permite a los usuarios explorar formas únicas de expresarse y conectar con su audiencia.

39

iPlan.ai - Planificación de viajes simplificada con IA

¿Qué es iPlan.ai?

iPlan.ai es una aplicación innovadora que utiliza IA para simplificar la planificación de viajes. Desde generar itinerarios detallados hasta gestionar presupuestos, adapta cada aspecto del viaje según tus preferencias. Además, ofrece funciones colaborativas que hacen que los viajes en grupo sean más organizados y sin estrés.

¿Por qué usar iPlan.ai?

- **Itinerarios personalizados:** planes adaptados a tus gustos, destino y tiempo disponible.
- **Planificación colaborativa:** organiza viajes con amigos o familia, considerando las necesidades de todos.
- **Gestión de presupuesto:** establece un límite y recibe sugerencias de alojamiento, actividades y transporte.

- **Recomendaciones con IA:** descubre rincones ocultos y experiencias fuera de lo común.
- **Actualizaciones en tiempo real:** información sobre vuelos, clima y transporte local.

¿Quién debería usar iPlan.ai?

- **Viajeros solitarios:** organizar aventuras personalizadas sin perderse lo esencial.
- **Grupos de viaje:** coordinar horarios, preferencias y gastos sin complicaciones.
- **Profesionales ocupados:** ahorrar tiempo con itinerarios generados por IA.
- **Entusiastas de los viajes:** explorar destinos únicos con recomendaciones exclusivas.

Cómo empezar con iPlan.ai

1. **Regístrate:** crea una cuenta en iPlan.ai.
2. **Introduce los detalles:** destino, fechas, presupuesto y preferencias.
3. **Revisa el itinerario:** explora el plan generado por IA con actividades, alojamientos y rutas sugeridas.
4. **Colabora y ajusta:** comparte el plan, haz modificaciones y confirma reservas.
5. **Descarga tu plan:** guárdalo para acceso offline o sincronízalo con tus dispositivos.

Consejos prácticos

- **Personaliza al máximo:** indica intereses específicos (deportes, cultura, gastronomía) para mejores sugerencias.
- **Planifica con anticipación:** reserva con tiempo para asegurar mejores precios.
- **Confía en las recomendaciones IA:** descubre joyas ocultas fuera de los circuitos turísticos.

Ejemplo real

Escenario: un grupo de amigos quiere organizar un viaje económico de dos semanas por Europa.
Pasos:

1. Introducen detalles como destinos: París, Roma y Barcelona.
2. Establecen un presupuesto de $1,500 por persona.
3. Revisan el itinerario generado con alojamientos económicos, rutas en tren y opciones gastronómicas asequibles.
4. Comparten el plan y confirman reservas.
5. **Resultado:** un viaje bien organizado, sin complicaciones y adaptado a todos los gustos.

Reflexión final

iPlan.ai hace que planificar viajes sea accesible y eficiente, combinando IA avanzada con funciones fáciles de usar. Ya sea una aventura en solitario o unas vacaciones en grupo, esta app te permite diseñar experiencias personalizadas e inolvidables con poco esfuerzo. Explora el mundo con iPlan.ai como tu compañero de viaje de confianza.

Conclusión

En el mundo acelerado de hoy, aprovechar las herramientas de IA ya no es un lujo, sino una necesidad para emprendedores, creadores y profesionales que buscan mantenerse a la vanguardia. Este kit te ha presentado una variedad de aplicaciones poderosas diseñadas para mejorar la productividad, la creatividad y la eficiencia. Ya sea que estés creando contenido atractivo, optimizando operaciones o explorando tecnologías innovadoras, estas herramientas te brindan los recursos para alcanzar tus metas con menos esfuerzo y mayor impacto.

El verdadero poder de la IA no reside solo en sus capacidades, sino en cómo la utilizamos para amplificar nuestras fortalezas y resolver problemas. Al integrar estas herramientas en tu flujo de trabajo, podrás enfocarte más en el pensamiento estratégico y la innovación, mientras automatizas tareas repetitivas. Estas aplicaciones no son solo herramientas: son aliadas para construir, escalar y triunfar en tus proyectos.

Recuerda, adoptar nuevas tecnologías es un viaje. Empieza poco a poco, experimenta y adapta las herramientas que mejor se alineen con tus necesidades. Al abrazar la IA, desbloquearás nuevas oportunidades de crecimiento y éxito en formas que antes parecían inimaginables.

El futuro pertenece a quienes innovan. Con este kit de IA en tus manos, estás preparado para navegar el cambiante panorama digital con confianza y creatividad. Ahora es el momento de poner estas herramientas en acción y escribir tu propia historia de éxito. Las posibilidades son infinitas: ¡empieza a explorarlas!

www.ingramcontent.com/pod-product-compliance
Lightning Source LLC
Chambersburg PA
CBHW071654210326
41597CB00017B/2208